PROGRAMME

DE

MATHÉMATIQUES.

AVIS.

Depuis le petit nombre d'années que M. Fournié s'est livré à l'enseignement, il a fait admettre, sur trente-deux jeunes gens confiés à ses soins,

Quinze élèves à l'Ecole Polytechnique,

Dix à l'Ecole militaire,

Un à la Marine,

Et un à l'Ecole Normale.

Paris. Imprimerie de MOESSARD et JOUSSET, rue Furstemberg, 8.

PROGRAMME DÉTAILLÉ

DE TOUTES LES PARTIES

DES

MATHÉMATIQUES,

EXIGÉES POUR L'ADMISSION

AUX ÉCOLES POLYTECHNIQUE,

NAVALE ET MILITAIRE,

COMPRENANT EN OUTRE LA GÉOMÉTRIE ANALYTIQUE A TROIS
DIMENSIONS ET LE CALCUL DIFFÉRENTIEL.

PAR V. FOURNIÉ,

PROFESSEUR DE MATHÉMATIQUES ET CHEF D'INSTITUTION.

TROISIÈME ÉDITION.

PARIS.

CHEZ LEJAY, LIBRAIRE.

RUE DES GRÉS, N° 4.

1841.

UNIVERSITÉ DE FRANCE.

ÉCOLE SPÉCIALE PRÉPARATOIRE

AUX ÉCOLES

POLYTECHNIQUE, NAVALE ET MILITAIRE,

DIRIGÉE

Par M^r. FOURNIÉ, Professeur de Mathématiques,

Rue Saint-Jacques, N°. 277,

à côté du Val-de-Grâce, à Paris.

Cet Établissement ne reçoit qu'un petit nombre d'Elèves, desquels on exige des garanties suffisantes pour leur conduite et leur moralité. La nourriture, les soins physiques, sont les mêmes que dans une famille jouissant d'une honnête aisance. Les Maîtres et les Elèves vivent en commun.

Tous les cours de Mathématiques dont on publie ici le programme sont professés dans l'intérieur de la maison. Les Elèves déjà forts suivent de plus les cours d'un collége. Tous sont environnés de soins particuliers et continus. On leur fait subir, dans le courant de l'année, plusieurs examens devant des professeurs étrangers à l'établissement.

Indépendamment des cours de mathématiques, il y a dans l'Ecole : un cours de Physique, un cours de Chimie, un cours de Belles-Lettres, une classe de Dessin, un cours d'Anglais pour les Elèves qui se destinent à la Marine, et un cours d'Allemand pour ceux qui se destinent à l'Ecole Militaire.

Les Elèves ne peuvent sortir que le dimanche et les jours de fête, sur la demande des parens ou des correspondans. Ils ne sont visibles qu'aux heures de récréation.

Tous les mois le Directeur rend compte aux parens de la santé, de la conduite et des progrès des Elèves. Il fait connaître leurs places et les numéros de mérite qu'ils ont obtenus.

Le prix de la pension est de 1,500 fr. par chaque année scolaire, composée de dix mois, payables par trimestre et d'avance, savoir : 450 f. pour le premier trimestre, 450 f. pour le second, 450 fr. pour le troisième, et 150 fr. pour le quatrième.

Frais accessoires. La rétribution universitaire à raison de 22 fr. 50 c. pour chacun des trois premiers trimestres, et de 7 fr. 50 c. pour le quatrième.

Les frais d'étude au collége à raison de 18 fr. pour chacun des trois premiers trimestres, et de 6 fr. pour le quatrième.

La location du lit, de la malle, du pupitre, du cadre et des modèles de dessin à raison de 15 fr. pour chacun des trois premiers trimestres, et de 5 fr. pour le quatrième.

Les livres, les fournitures de dessin et les frais de maladie.

Tout Elève qui se retire n'a droit à aucune remise sur la somme qui a dû être payée.

Chaque Elève apporte en entrant un couvert d'argent, trois paires de draps et douze serviettes.

En quittant l'Institution, il laisse une paire de draps pour le service de l'infirmerie.

L'époque de la rentrée des classes est fixée au premier lundi du mois d'octobre.

On est prié d'affranchir les lettres.

PROGRAMME
DE MATHÉMATIQUES.

I.

ÉLÉMENS D'ARITHMÉTIQUE ET D'ALGÈBRE.

NOMBRES ENTIERS.

Unité. Nombre entier. Arithmétique.

Numération parlée.

Numération écrite.

Ecrire un nombre énoncé.

Enoncer un nombre écrit.

Addition. Somme. Procédé. Pourquoi on va de droite à gauche. Signe de l'opération. Signe d'égalité.

Soustraction. Reste ou différence. Quand on ajoute un même nombre aux deux termes de la soustraction, la différence reste la même. Procédé. Signe de l'opération.

Preuve de l'addition.

Preuve de la soustraction.

Multiplication. Multiplicande. Multiplicateur. Produit. Facteurs. Signe de l'opération. Multiples d'un nombre.

Formation de la table de Pythagore.

Un produit de deux ou plusieurs facteurs ne change pas quand on intervertit l'ordre de ces facteurs. Puissance. Exposant.

Pour multiplier un nombre par un produit, il suffit de multiplier ce nombre successivement par les facteurs de ce produit.

Multiplier un nombre de plusieurs chiffres par un nombre d'un seul chiffre.

Multiplier un nombre par 10, 100, etc.

Cas général de la multiplication.

Cas où l'un des facteurs ou même tous les deux sont terminés par des zéros.

Division. Dividende. Diviseur. Quotient. Signe de l'opération. Sous-multiple ou diviseur exact d'un nombre. Reste d'une division.

Division d'un nombre de plusieurs chiffres par un nombre d'un seul chiffre. Moyens d'abréger l'opération.

Division d'un nombre de plusieurs chiffres par un nombre de plusieurs chiffres.

1° Déterminer le nombre des chiffres du quotient.

2° Effectuer la division, connaissant les neuf premiers multiples du diviseur.

3° Effectuer la division en ne faisant usage que de la table de Pythagore.

4° Enoncer la règle générale de la division.

On ne peut jamais trouver plus de 9 pour un quotient partiel. Ce qu'on doit faire lorsque, après avoir abaissé un chiffre à la droite d'un reste, le nombre ainsi formé est moindre que le diviseur. Comment on reconnaît qu'on a placé au quotient un chiffre trop fort ou trop faible.

Que devient le quotient quand on multiplie ou qu'on divise séparément ou ensemble le dividende et le diviseur. (Le reste est nul ou non.)

Cas où le dividende et le diviseur sont terminés par des zéros.

Preuves de la multiplication et de la division.

DIVISIBILITÉ DES NOMBRES.

Tout nombre qui en divise plusieurs autres divise aussi leur somme. Tout nombre qui en divise un autre divise aussi ses multiples.

Quand deux nombres ont un diviseur commun, leur différence admet le même diviseur. Deux nombres entiers consécutifs n'ont pas de diviseur commun.

Si on a deux nombres dont un seulement est divisible par un troisième, et dont l'autre, divisé par ce troisième nombre, donne un reste quelconque, leur somme, divisée par ce troisième nombre, donnera le même reste.

Restes de la division d'un nombre par 2, par 5, par 4, par 25, par 8, par 125, etc.

Pour obtenir le reste de la division d'un nombre par 9 ou par 3, on divise la somme des chiffres qui le composent par 9 ou par 3 : le reste de cette division exprime le reste demandé. Reste de la division par 11.

Lorsqu'on divise deux nombres et leur produit par un même nombre, on obtient trois restes : le produit des deux premiers, diminué du plus grand multiple du diviseur qui y est contenu, est égal au troisième reste.

Preuve par 9 de la multiplication et de la division. Preuve par 11.

Nombres premiers. Nombres premiers entre eux.

Tout diviseur commun à deux nombres divise le reste de leur division. Le plus grand commun diviseur entre deux nombres est le même qu'entre le plus petit de ces deux nombres et le reste de leur division.

Recherche du plus grand commun diviseur entre deux nombres. Moyen simple et commode de déterminer les quotiens des deux nombres par leur plus grand commun diviseur. Nombre au plus des divisions à effectuer.

Tout diviseur commun à deux nombres divise leur plus grand commun diviseur.

Recherche du plus grand commun diviseur entre plusieurs nombres. Deux méthodes.

Que devient le plus grand commun diviseur entre deux ou plusieurs nombres lorsqu'on les multiplie par un nombre donné.

Tout nombre qui divise exactement un produit de deux facteurs, et qui est premier avec l'un d'eux, est un diviseur exact de l'autre.

Tout nombre premier qui divise un produit, divise un des facteurs de ce produit.

Tout nombre premier qui divise une puissance quelconque d'un autre nombre, divise aussi ce nombre. Les puissances de deux nombres premiers entre eux sont premières entre elles.

Tout nombre qui est premier avec deux facteurs est aussi premier avec leur produit.

Condition pour qu'un nombre entier en divise exactement un autre.

Tout nombre divisible par plusieurs autres nombres premiers entre eux est divisible par les divers produits que l'on obtient en les multipliant 2 à 2, 3 à 3, 4 à 4..... Caractères de divisibilité d'un nombre par 6, par 15, par 12, par 18, par 28, 30, 36, etc.

Décomposer un nombre en facteurs premiers.

Il n'existe qu'un seul système de facteurs premiers dont le produit soit égal à un nombre donné.

Trouver tous les diviseurs d'un nombre.

Autre moyen d'obtenir le plus grand commun diviseur entre deux ou plusieurs nombres. Modification que l'on peut apporter au procédé ordinaire.

Former le plus petit multiple de plusieurs nombres.

Caractère auquel on peut reconnaître qu'un nombre est premier. Table des nombres premiers.

DES FRACTIONS.

Définition des fractions. Manière de les évaluer. Numérateur. Dénominateur. Manière de les écrire.

Ce qu'il faut pour qu'une fraction soit égale à l'unité, plus petite ou plus grande que l'unité. Nombres fractionnaires.

Transformer un nombre entier en une expression fractionnaire équivalente ayant un dénominateur donné. Extraire les entiers de toute expression fractionnaire.

Toute fraction indique la division de son numérateur par son dénominateur.

On ne change pas la valeur d'une fraction en multipliant ou divisant ses deux termes par un même nombre. Réduire une fraction à de moindres termes.

Ce qu'on entend par fraction irréductible. Toute fraction dont les deux termes sont premiers entre eux est irréductible.

Réduire une fraction à sa plus simple expression.

Réduire plusieurs fractions au même dénominateur. Trouver leur plus petit dénominateur commun.

Que devient une fraction quand on ajoute un même nombre à ses deux termes, ou quand on en retranche un même nombre.

Deux fractions étant données, reconnaître si elles sont égales ou laquelle des deux est la plus grande.

Addition et soustraction des fractions et des nombres fractionnaires.

Multiplier une fraction ou un nombre fractionnaire par un nombre entier.

Multiplier un entier par une fraction ou par un nombre fractionnaire.

Multiplier une fraction par une fraction. Prendre des fractions de fractions.

Multiplier un nombre fractionnaire par un nombre fractionnaire.

Intervertissement des facteurs.

Diviser une fraction ou un nombre fractionnaire par un nombre entier.

Diviser un entier par une fraction ou par un nombre fractionnaire.

Diviser une fraction par une fraction.

Diviser un nombre fractionnaire par un nombre fractionnaire.

Compléter le quotient d'une division de deux nombres entiers, dans laquelle le dividende n'est pas un multiple exact du diviseur. Changement qu'éprouve le quotient d'une division lorsqu'on augmente ou qu'on diminue un de ses termes.

Évaluer en fractions d'un dénominateur donné le quotient d'une division de deux nombres entiers, dans laquelle le dividende n'est pas un multiple du diviseur.

DES NOMBRES DÉCIMAUX.

Définition des fractions décimales. Numération. Manières différentes d'énoncer un nombre décimal. Effet du déplacement de la virgule.

Addition et soustraction des décimales.

Multiplication. Méthode abrégée.

Division. Calculer, à une décimale donnée près, le quotient de deux nombres pris à volonté.

Évaluer une fraction ordinaire en décimales. Condition pour avoir un nombre limité de chiffres décimaux, et nombre de ces chiffres. Cas où l'on obtient une fraction périodique simple ou mixte. Nombre au plus des chiffres de la période.

Transformation des fractions périodiques en fractions ordinaires. Conditions pour qu'une fraction ordinaire, développée en décimales, produise une fraction décimale périodique simple ou périodique mixte. Nombre des chiffres décimaux qui, dans le dernier cas, précèdent la période.

DES PROPORTIONS.

Rapport. Antécédent. Conséquent. Raison. Un rapport ne change pas quand on multiplie ou qu'on divise ses deux termes par un même nombre. Trouver l'expression la plus simple d'un rapport.

Définition de la proportion.

Dans toute proportion le produit des extrêmes est égal au produit des moyens. La réciproque est vraie. Transformations. Trois termes étant connus, trouver le quatrième.

On peut multiplier ou diviser par le même nombre les deux antécédens ou les deux conséquens d'une proportion.

Quand deux proportions ont les antécédens égaux, les conséquens sont proportionnels, *et vice versâ*.

La somme ou la différence des termes du premier rapport

est à la somme ou à la différence des termes du second rapport comme le premier conséquent est au second conséquent,
ou comme le premier antécédent est au second antécédent.

La somme ou la différence des antécédens est à la somme
ou la différence des conséquens comme un antécédent est à
son conséquent.

Définition d'une proportionnalité. Dans toute proportionnalité la somme des antécédens est à la somme des conséquens
comme un antécédent est à son conséquent,

Définition du rapport composé.

Si on multiplie plusieurs proportions terme à terme, les
produits seront proportionnels.

Dans quels cas dit-on que deux quantités variables, dépendantes l'une de l'autre, sont directement ou réciproquement
proportionnelles ?

Lorsqu'une quantité varie en raison directe de certaines
variables et en raison inverse d'autres variables, elle est proportionnelle au produit des premières, divisé par le produit
des dernières.

Définition des proportions arithmétiques, ou équidifférences.

Dans toute équidifférence, la somme des extrêmes est
égale à celle des moyens. Si on a quatre quantités telles
que la somme de deux d'entre elles soit égale à la somme
des deux autres, on peut en tirer une équidifférence qui
aura pour moyens les deux parties de l'une des deux sommes,
et les deux parties de l'autre somme pour extrêmes.

Transformations. On peut changer les moyens de place, les
extrêmes de place ; on peut mettre les moyens à la place des
extrêmes, *et vice versâ.*

Trois termes étant connus, trouver le quatrième.

On peut augmenter ou diminuer d'une même quantité
chacun des deux antécédens ou chacun des deux conséquens
sans détruire l'équidifférence. On peut ajouter ou retrancher
plusieurs équidifférences terme à terme.

PROBLÈMES.

Règle de trois directe. Règle de trois inverse. Règle de trois composée. Exemples de règles de trois.

Questions d'intérêt simple. Il y a quatre choses à considérer : la somme prêtée, la durée du prêt, le taux de l'intérêt et la totalité de l'intérêt. Trois de ces nombres étant connus, on peut toujours trouver le quatrième.

Escompte en dedans. Escompte en dehors. Différence qu'il y a entre ces deux escomptes. Il y a quatre choses à considérer, sur lesquelles trois étant connues, on peut toujours déterminer la quatrième.

Objet de la règle de société. Dans les questions de société, on distingue deux cas, celui où les temps sont égaux et celui où ils sont inégaux. Le second cas se ramène au premier.

Prendre la moyenne arithmétique entre plusieurs quantités données. Exemples.

Un orfèvre a deux lingots d'or dont les titres sont connus. Combien doit-il prendre de grammes de chaque lingot pour composer un alliage dont le poids et le titre sont donnés?

Connaissant le poids et le titre d'un lingot d'or, trouver ce qu'on doit ajouter de cuivre ou d'or pur pour abaisser ou élever le titre d'une quantité donnée.

Connaissant le poids et le titre d'un lingot d'or ou d'argent, trouver ce qu'on doit ajouter d'un deuxième lingot d'un autre titre, pour que le titre du premier devienne égal à une fraction donnée.

La règle conjointe revient à cette question : Connaissant le rapport d'une quantité à une autre, de celle-ci à une troisième, de la troisième à une quatrième, etc., trouver le rapport de la première à la dernière. Moyen de la résoudre.

NOMBRES COMPLEXES, SYSTÈME MÉTRIQUE.

Ancien système des poids et mesures. Définition des nombres complexes.

Mettre un nombre complexe sous forme de fraction ordinaire.

Réduire en nombre complexe un nombre fractionnaire concret.

Addition et soustraction des nombres complexes.

Multiplier, 1º un nombre complexe par un nombre entier ; 2º un nombre entier par un nombre complexe ; 3º un nombre complexe par un nombre complexe.

Diviser, 1º un nombre complexe par un nombre complexe, dans le cas où ces deux nombres représentent des grandeurs de la même nature ; 2º un nombre complexe par un nombre entier ; 3º un nombre complexe ou incomplexe par un nombre complexe.

Système métrique. Nomenclature. Le mètre est la dix-millionième partie de l'arc du méridien qui va du pôle à l'équateur. L'are est un décamètre carré. Le litre est un décimètre cube. Le stère est un mètre cube. Le gramme est le poids d'un centimètre cube d'eau distillée au maximum de densité. Le franc est une masse d'argent à $\frac{9}{10}$ de fin du poids de 5 grammes.

Conversion des anciennes mesures en nouvelles, et réciproquement.

$$1^T = 1^m,949$$
$$1^m = 0^T,513074 = 3^p + 11^l,296$$

SYSTÈMES DE NUMÉRATION.

Base d'un système. Ecrire tous les nombres dans une base donnée. Multiplier ou diviser un nombre écrit dans une base donnée par une puissance quelconque de cette base.

Ecrire dans le système décimal un nombre écrit dans une base donnée.

Ecrire dans une base donnée un nombre écrit dans le système décimal.

Passer d'un système quelconque à un système quelconque.

Effectuer l'addition, la soustraction, la multiplication et la division sur des nombres entiers, écrits dans un même système.

INTRODUCTION A L'ALGÈBRE.

Partager 890 fr. entre trois personnes, en sorte que la première ait 180 fr. de plus que la seconde, et la seconde 115 fr. de plus que la troisième. On résoudra ce problème par le secours seul du raisonnement, et ensuite en se servant des signes usités en arithmétique.

Moyen qu'on emploie pour résoudre les problèmes d'une manière générale. Solution générale du problème qui précède.

Trouver deux nombres dont on connaît la somme et la différence.

Partager un nombre a en trois parties qui soient entre elles comme $m : n : p$.

Ce que c'est qu'une équation, un de ses membres, un terme. — Ce que c'est qu'une formule, et ce qu'on entend par *mettre une formule en nombre*.

Parties dont se compose la résolution d'un problème par le secours de l'algèbre. Ce que c'est que résoudre une équation. Ce qu'il faut faire pour mettre un problème en équations.

Un père a un nombre b d'années; son fils en a un nombre c. On demande dans combien d'années l'âge du fils sera la n^{me} partie de celui du père. Discussion.

Origine et définition des quantités négatives. Dans toute soustraction on retranche le plus petit nombre du plus grand, et on donne à la différence le signe du plus grand des deux nombres. Les quantités négatives sont regardées comme plus petites que zéro, et comme d'autant plus petites qu'elles sont numériquement plus grandes.

Réduire à un seul terme une expression composée de plusieurs termes positifs et négatifs.

Règle pour l'addition des quantités négatives.

Règle pour la soustraction.

Règle pour la multiplication.

Règle pour la division.

But de l'algèbre.

OPÉRATIONS FONDAMENTALES.

Notation algébrique. Ce qu'on entend par fonctions. Comment on les désigne.

Quantité littérale. Quantité numérique. Monômes. Binômes. Trinômes. Quadrinômes. Polynômes. Quantités entières et fractionnaires.

Définition et réduction des termes semblables. Ordonner un polynôme. Ce qu'on entend par lettre principale ou ordonnatrice.

Addition et soustraction algébriques.

Multiplication d'un monôme par un monôme, d'un polynôme par un monôme, d'un polynôme par un polynôme.

Démontrer et traduire en langage ordinaire les égalités suivantes :

$$(a+b)^2 = a^2 + 2\,ab + b^2.$$
$$(a-b)^2 = a^2 - 2\,ab + b^2.$$
$$(a+b)\,(a-b) = a^2 - b^2.$$

Forme du produit de m facteurs binômes, tels que $x+a$, $x+b$, $x+c$, etc.

D'où proviennent le premier et le dernier terme du produit de deux facteurs ordonnés.

Division d'un monôme par un monôme. Conditions pour qu'elle se fasse exactement.

Signification de l'exposant o et des exposans négatifs. Règles de calcul pour ces exposans.

Division d'un polynôme par un monôme. Condition pour qu'elle se fasse exactement

Diviser un polynôme par un polynôme. Cas où le dividende ou bien les deux polynômes ont plusieurs termes qui renferment la lettre principale au même exposant.

Si un polynôme ordonné, par rapport à une certaine lettre, est divisible par un polynôme indépendant de cette lettre, les coefficiens de chaque puissance de cette lettre dans le dividende doivent être en particulier divisibles par le diviseur.

Caractères auxquels on reconnaît que deux polynômes ne sont pas divisibles l'un par l'autre.

2

Multiplier et diviser des polynômes de la forme $kx^m + px^{m-1} \ldots + sx + t = f(x)$, en admettant des coefficiens fractionnaires.

Si on divise le polynôme $f(x)$ par $x - a$ et qu'on arrête l'opération au reste qui ne contient plus x, ce reste sera ce que devient le dividende quand on y remplace x par a.

Si $f(x)$ devient nul quand on y remplace x par a, $f(x)$ est divisible par $x - a$ et réciproquement.

Manière simple et rapide de trouver le quotient et le reste de la division de $f(x)$ par $x - a$.

Démontrer que $x^m - a^m$ est toujours divisible par $x - a$, et déterminer la forme du quotient.

Rechercher dans quels cas on peut faire exactement les divisions de $x^m + a^m$ par $x + a$, de $x^m - a^m$ par $x + a$, de $x^m + a^m$ par $x - a$, forme des quotiens.

On peut multiplier et diviser par un même nombre les deux termes d'une fraction algébrique. De là résulte leur simplification et leur réduction au même dénominateur.

Addition et soustraction des fractions algébriques. Multiplication et division.

Il y a deux manières de rendre une fraction nulle ou infinie. Le symbole $\frac{o}{o}$ provient quelquefois de la présence dans les deux termes de la fraction d'un facteur commun qui devient nul. Les symboles $o \times \infty$ et $\frac{\infty}{\infty}$ sont aussi des symboles d'indétermination.

Ce que devient une fraction telle que $\dfrac{Ax^m + Bx^{m-1} . . + Fx^n}{A'x^p + B'x^{p-1} + F'x^q}$ lorsque x est nul ou infini.

Ce qu'on entend par fonctions identiques. Lorsqu'on ordonne deux fonctions identiques par rapport aux puissances d'une même lettre, l'identité a lieu terme à terme.

PREMIER DEGRÉ.

Ce qu'on entend par équations et problèmes du premier degré, du deuxième degré, du troisième degré, etc.

Résoudre une équation du premier degré à une seule inconnue. Evanouissement des dénominateurs. Transposition des termes. Dégager l'inconnue des quantités qui la multiplient. Vérifier. Cas d'impossibilité ou d'indétermination.

Résoudre deux équations du premier degré entre deux inconnues. Objet de l'élimination. Expliquer les méthodes d'élimination connues sous les noms de méthode par substitution, méthode par comparaison, et méthode par réduction ou par addition et soustraction. Discussion des différens cas.

Résoudre un système de trois équations entre trois inconnues. Résoudre un système de m équations entre m inconnues. Examen des différens cas. Dans le cas où il y a indétermination, il peut se faire que quelques inconnues aient une valeur finie et déterminée.

Si on a m équations entre $m+n$ inconnues, si ces équations ne sont pas incompatibles, et si elles sont distinctes les unes des autres, on pourra disposer arbitrairement de n inconnues.

Si on a $m+n$ équations entre m inconnues, et si ces équations sont distinctes, le système est plus que déterminé. Condition pour qu'il soit possible.

Un renard, poursuivi par un levrier, a 60 sauts d'avance. Il en fait 9 pendant que le levrier n'en fait que 6 ; mais 3 sauts du levrier en valent 7 du renard. Combien le levrier fera-t-il de sauts pour atteindre le renard ?

Un père ordonne par son testament que l'aîné de ses enfans aura une somme a sur son bien plus la n^{me} partie du reste ; que le second aura une somme $2\,a$ plus la n^{me} partie de ce qui restera après qu'on aura retranché la première part et $2\,a$; que le troisième aura une somme $3\,a$ plus la n^{me} partie du nouveau reste, et ainsi de suite. Tous les enfans sont également partagés. On demande le bien du père, la part de chacun des enfans et le nombre des enfans.

Une personne possède un capital de 30,000 fr. qu'elle fait valoir à un certain intérêt ; mais elle doit une somme de 20,000 fr. dont elle paie un certain intérêt. L'intérêt qu'elle retire surpasse celui qu'elle paie de 800 fr. Une seconde personne possède 35,000 fr. qu'elle fait valoir au second taux d'intérêt ; mais elle doit une somme de 24,000 fr. dont elle paie un intérêt au premier taux. L'intérêt qu'elle retire surpasse celui qu'elle paie de 310 fr. On demande les deux taux d'intérêt.

Un officier qui commande à trois compagnies, l'une de Suisses, l'autre de Souabes, et la troisième de Saxons, veut donner un assaut avec une partie de ses troupes. Il est chargé de partager 901 écus entre les soldats des trois compagnies ; mais ceux-ci consentent qu'il soit donné un écu à chaque soldat qui montera à l'assaut, et que le reste soit distribué également entre tous les autres. Or il se trouve que si les Suisses donnent l'assaut, chaque soldat des autres compagnies recevra un demi-écu ; que si les Souabes vont à l'assaut, chacun des autres reçoit un tiers d'écu, et que si les Saxons donnent l'assaut, chacun des autres reçoit un quart d'écu. On demande de combien d'hommes était chaque compagnie.

Solution générale et discussion du problème des courriers. Règle pour l'interprétation des solutions négatives dans les problèmes.

Résoudre, par la méthode des indéterminées, les équations $ax+by=c$, $a'x+b'y=c'$. Règle pour former les valeurs des inconnues. Discussion des expressions.

Résoudre les équations $ax+by+cz=d$, $a'x+b'y+c'z=d'$, $a''x+b''y+c''z=d''$. Règle pour former les valeurs des inconnues. Discussion spéciale du cas où les termes tout connus d, d', d'' sont nuls.

INÉGALITÉS DU PREMIER DEGRÉ.

De la relation $a > b$ on peut toujours déduire $a-b > o$.

On peut augmenter ou diminuer d'une même quantité les deux membres d'une inégalité. Quand on change les signes, on doit renverser le signe d'inégalité.

On peut multiplier ou diviser par une quantité positive les deux membres d'une inégalité. Lorsqu'on multiplie ou qu'on divise par une quantité négative on doit renverser le signe d'inégalité.

Lorsque plusieurs inégalités ont l'ouverture tournée du même côté, on peut les ajouter membre à membre.

Peut-on, dans tous les cas, retrancher, multiplier, diviser plusieurs inégalités membre à membre ?

Lorsqu'on ajoute terme à terme plusieurs fractions, celle qu'on obtient est une moyenne entre la plus petite et la plus grande.

RACINE CARRÉE ET CUBIQUE DES NOMBRES.

Formation des puissances des nombres entiers et fractionnaires. Puissance entière ou parfaite. Racine. Radical. Indice.

Condition pour qu'un nombre entier ou fractionnaire soit une puissance parfaite.

Toutes les puissances d'une fraction irréductible sont des fractions irréductibles.

Lorsqu'une racine d'un degré quelconque d'un nombre entier n'est pas exprimable exactement par un autre nombre entier, il est impossible de l'assigner exactement en nombre. Racines incommensurables.

Un nombre entier est premier lorsqu'il n'est divisible par aucun facteur premier, à partir du plus simple jusqu'à celui qui excède immédiatement sa racine carrée.

La racine carrée d'un nombre entier a autant de chiffres que le nombre a de tranches de deux chiffres.

Différence des carrés de deux nombres entiers consécutifs. Composition du carré d'une somme de deux parties.

Carrés des dix premiers nombres entiers. Chiffres qui peuvent terminer un carré parfait.

Trouver la racine carrée d'un nombre entier plus petit que 100.

Trouver la racine carrée d'un nombre compris entre 100 et 10,000.

Trouver la racine carrée d'un nombre entier quelconque.

Trouver la racine carrée d'un nombre fractionnaire ordinaire ou décimal.

Extraire approximativement la racine carrée d'un nombre quelconque qui n'est pas un carré exact.

La racine cubique d'un nombre entier a autant de chiffres que le nombre a de tranches de trois chiffres.

Différence des cubes de deux nombres entiers consécutifs. Composition du cube d'une somme de deux parties.

Cubes des dix premiers nombres entiers.

Trouver la racine cubique d'un nombre entier plus petit que 1000.

Trouver la racine cubique d'un nombre entier compris entre 1000 et 1,000,000.

Trouver la racine cubique d'un nombre entier quelconque.

Trouver la racine cubique d'un nombre fractionnaire ordinaire ou décimal.

Extraire approximativement la racine cubique d'un nombre quelconque qui n'est pas un cube exact.

Extraction des racines dont les indices ne contiennent que les facteurs premiers 2 et 3.

RACINE CARRÉE ET CUBIQUE DES EXPRESSIONS ALGÉBRIQUES.

La racine carrée d'une quantité quelconque a deux valeurs égales et de signes contraires, et elle n'en a pas davantage.

Tout radical carré imaginaire peut se transformer en un produit de deux facteurs, l'un réel, l'autre égal à $\sqrt{-1}$.

Carré et racine carrée des monômes.

Formation du carré d'un polynôme.

Extraction de la racine carrée d'un polynôme. Comment on reconnaît que la racine carrée n'est pas exacte.

Calcul des radicaux du deuxième degré. Faire passer sous le radical le coefficient de ce radical, et vice versâ.

Calculer les expressions de la forme

$$\frac{a \pm \sqrt{b}}{\sqrt{p} \pm \sqrt{q}}$$

Cube et racine cubique des monômes.

Extraire la racine cubique d'un polynôme. Comment on reconnaît qu'elle n'est pas exacte.

SECOND DEGRÉ.

Ramener une équation incomplète du second degré à la forme $ax^2 = b$. Résoudre et discuter cette équation.

Toute équation complète du second degré peut être ramenée à la forme $ax^2 + bx + c = o$, ou à la forme $x^2 + px + q = o$.

Résoudre l'équation $x^2 + px + q = o$. Faire voir qu'elle a deux racines et qu'elle ne peut en avoir davantage.—Règle déduite de la formule.

Décomposition du trinôme $x^2 + px + q$ en facteurs du premier degré.

Composition des coefficiens p et q en fonction de racines. Les racines étant supposées réelles, reconnaître leurs signes à l'inspection de l'équation.

Discussion complète des racines de l'équation $x^2 + px + q = o$.

Formation et discussion complète des racines de l'équation $ax^2 + bx + c = o$. Décomposition du trinôme. Résoudre la même équation sans diviser par le coefficient de x^2.

Résoudre et discuter l'équation $x^4 + px^2 + q = x$. Condition pour que les quatre racines soient réelles.

Transformation des expressions de la forme $\sqrt{a \pm \sqrt{b}}$.

Résoudre les équations suivantes :

1º $x + y = a$, $x^2 + y^2 = b^2$.

2º $xy = a^2$, $x^2 + y^2 = b^2$.

3º $x + y + z = a$, $yz = b^2$, $y^2 + z^2 = x^2$.

Faire voir que la résolution de deux équations du second degré à deux inconnues, dépend en général de celle d'une équation du quatrième degré à une inconnue.

Résoudre les équations suivantes :

$$24x^2 + 20xy + 5y^2 - 84 = o,$$
$$32x^2 - 15y^2 - 28 = o.$$

Trouver quatre nombres en proportion géométrique connaissant la somme $2s$ des extrêmes, la somme $2s'$ des moyens, et la somme $4c^2$ des carrés.

Trouver deux nombres tels que leur produit soit 35, et que la différence de leurs carrés soit 24.

Trouver deux nombres tels qu'il y 'ait égalité entre leur somme, leur produit et la différence de leurs carrés.

Sachant que 2 est la somme de deux nombres, et celle de leurs quatrièmes puissances, trouver ces nombres.

Un marchand vend un objet 11 louis, et à ce marché il gagne autant pour 100 que cet objet lui a coûté. Quel en était le prix ?

Deux marchands vendent chacun d'une certaine étoffe, le second en vend 3 aunes de plus que le premier, et ils retirent ensemble 35 écus. Le premier dit au second : J'aurais retiré de votre étoffe 24 écus ; l'autre répond : Et moi j'aurais retiré de la vôtre 12 écus et demi. Combien d'aunes avaient-ils chacun ?

Quelqu'un achète plusieurs pièces de drap pour 540 fr. S'il avait reçu pour la même somme trois pièces de plus, la pièce lui aurait coûté 15 fr. de moins. Combien a-t-il acheté de pièces ?

Trouver, sur la droite qui joint deux lumières, le point qui est également éclairé par chacune d'elles. Discussion complète de ce problème.

MAXIMUMS ET MINIMUMS.

AUTRES PROPRIÉTÉS DES TRINÔMES DU 2me DEGRÉ.

Ce qu'on entend par maximum et par minimum.

Partager un nombre en deux parties dont le produit soit un maximum. Le produit de plusieurs nombres dont la somme est égale à un nombre donné, devient maximum quand ces nombres sont égaux.

Partager un nombre en deux parties, telles que la somme de leurs racines carrées soit un maximum.

Une fonction du second degré à une seule variable étant donnée, reconnaître si cette fonction est susceptible d'un maximum ou d'un minimum ou de l'un et de l'autre à la fois. Trouver la valeur de ce maximum ou de ce minimum, et la valeur correspondante de la variable. Exemples.

Propriétés des trinômes du second degré de la forme my^2 $+ny+p=m\left(y^2+\frac{n}{m}y+\frac{p}{m}\right)$, y étant une variable.

1º Si les racines de l'équation $y^2+\frac{n}{m}y+\frac{p}{m}=0$ sont réelles et inégales, toute quantité comprise entre les deux racines et substituée à la place de y dans le trinôme, donnera un résultat de signe contraire au coefficient des y^2 ; et toute quantité, non comprise entre ces racines, substituée à y, donnera un résultat de même signe que le coefficient de y^2.

2º Si les deux racines sont réelles et égales, toute quantité différente de celle qui réduit le trinôme à zéro donnera un résultat de même signe que le coefficient de y^2.

3º Si les deux racines sont imaginaires, tout nombre substitué à y dans le trinôme donnera un résultat de même signe que le coefficient de y^2.

Partager un nombre en deux parties, de manière que la somme des quotiens qu'on obtient, quand on les divise mutuellement l'un par l'autre soit un minimum.

Trouver la valeur d'x à laquelle correspond le maximum ou le minimum de l'expression $\dfrac{(a+x)\,(b+x)}{x}$

II.

ÉLÉMENS DE GÉOMÉTRIE.

PREMIÈRES NOTIONS.

Définition de la ligne droite et du plan. Deux points déterminent la position d'une ligne droite. Deux droites ne peuvent se couper qu'en un point. Trois points non en ligne droite déterminent la position d'un plan.

Définition de l'angle et du triangle.

Dans un triangle un côté quelconque est plus petit que la

somme des deux autres. Si d'un point pris dans l'intérieur d'un triangle, on mène des droites aux extrémités d'un même côté, la somme des lignes enveloppées sera plus petite que la somme des lignes enveloppantes. Toute ligne qui enveloppe d'une extrémité à l'autre une ligne convexe est plus longue que la ligne enveloppée.

Si deux triangles ont deux côtés égaux, et que l'angle compris par les côtés du premier soit plus grand que l'angle compris par les côtés du second, le troisième côté du premier triangle sera plus grand que le troisième côté du second. La réciproque est vraie.

Deux triangles sont égaux lorsqu'ils ont un angle égal compris entre des côtés égaux, ou un côté égal adjacent à deux angles égaux, ou les trois côtés égaux. Remarque : Dans deux triangles égaux, aux angles égaux sont opposés des côtés égaux et réciproquement.

Ce qu'on entend par circonférence, cercle, centre, rayon, diamètre, arc, corde, segment, secteur, tangente, sécante.

Tout diamètre partage le cercle et sa circonférence en deux parties égales. La réciproque est vraie. Toute corde est plus petite que le diamètre.

Dans un même cercle ou dans des cercles égaux, 1° les arcs égaux sont soutendus par des cordes égales et réciproquement ; 2° à un plus grand arc correspondant une plus grande corde et réciproquement.

ANGLES.

Variétés de l'angle. Angles adjacens, opposés au sommet, supplémentaires.

Tous les angles droits sont égaux.

La somme de deux angles adjacens est égale à deux droits. Si une droite est perpendiculaire à une autre, réciproquement celle-ci est perpendiculaire à la première.

Quand deux angles adjacens valent deux droits, les côtés extérieurs sont en ligne droite. La somme de tous les angles qu'on peut former d'un même côté d'une droite et autour d'un de ses points est égale à deux droits. La somme d'un nombre quelconque d'angles réunis autour d'un point est égale à quatre droits.

Les angles opposés au sommet sont égaux. Lorsque, par un point pris sur une droite, on mène deux lignes formant de part et d'autre deux angles opposés au sommet égaux, ces deux lignes sont le prolongement l'une de l'autre.

Deux angles sont égaux lorsque les arcs de cercle compris entre leurs côtés et décrits de leur sommet comme centre avec des rayons égaux sont égaux. La réciproque est vraie. Faire un angle égal à un angle donné.

Ce qu'on entend par angle au centre, angle inscrit, angle circonscrit.

PERPENDICULAIRES ET OBLIQUES.

Par un point on ne peut mener qu'une seule perpendiculaire à une droite.

Si d'un point pris hors d'une droite, on mène une perpendiculaire et différentes obliques à cette droite, 1° la perpendiculaire est plus courte que toute oblique ; 2° les obliques qui s'écartent également du pied de la perpendiculaire sont égales ; 3° de deux obliques la plus longue est celle qui s'écarte le plus de la perpendiculaire. Les réciproques sont vraies. Entre une droite indéfinie et un point extérieur on ne saurait mener trois droites égales. Une ligne droite ne peut rencontrer une circonférence en plus de deux points.

La perpendiculaire élevée sur le milieu d'une droite est le lieu géométrique des points équidistans des extrémités de cette droite.

Deux triangles rectangles sont égaux, 1° quand ils ont l'hypothénuse égale et un côté égal ; 2° quand ils ont l'hypothénuse égale et un angle aigu égal.

La bissectrice d'un angle est le lieu géométrique de tous les points équidistans des côtés de cet angle.

La perpendiculaire, abaissée du centre d'un cercle sur une corde, partage cette corde et chacun des arcs soutendus en deux parties égales. Réciproques.

La perpendiculaire menée à l'extrémité d'un rayon est tengente à la circonférence et réciproquement.

Dans un même cercle ou dans des cercles égaux, 1° deux cordes égales sont également éloignées du centre et réciproquement ; 2° de deux cordes la plus grande est la plus voisine du centre et réciproquement.

Par un point pris sur une droite, élever une perpendiculaire sur cette droite.

D'un point pris hors d'une droite, abaisser une perpendiculaire sur cette droite.

Diviser une droite en deux parties égales. Diviser un angle ou un arc en deux parties égales.

DES PARALLÈLES.

Définition des parallèles. Deux parallèles déterminent la position d'un plan.

Deux droites perpendiculaires à une troisième sont parallèles. Si deux droites sont l'une perpendiculaire et l'autre oblique à une troisième, ces deux droites se rencontreront.

Par un point on ne peut mener qu'une seule parallèle à une droite. Quand deux droites sont parallèles, toute ligne perpendiculaire à l'une est perpendiculaire à l'autre.

Dénomination des différentes sortes d'angles formés par deux droites avec une troisième qui les coupe.

Lorsque deux droites forment avec une troisième deux angles intérieurs d'un même côté dont la somme est égale à deux droits, ces deux droites sont parallèles. Réciproquement lorsque deux parallèles sont coupées par une autre droite, la somme des angles intérieurs, pris d'un même côté, est égale à deux droits. Quand deux droites forment, avec une troisième, deux angles intérieurs d'un même côté dont la somme est plus petite ou plus grande que deux droits, ces deux droites se rencontrent.

Deux droites sont parallèles lorsqu'étant coupées par une troisième, elles forment avec elle :

1° des angles alternes internes égaux ;

2° des angles alternes externes égaux ;

3° des angles correspondans égaux ,

4° des angles extérieurs d'un même côté dont la somme est égale à deux droits.

Les propositions réciproques sont vraies.

Deux parallèles sont partout également distantes. La réciproque est vraie. Deux parallèles comprises entre deux parallèles sont égales.

Deux droites, parallèles à une troisième, sont parallèles entre elles. Lorsque deux droites se coupent, leurs perpendiculaires respectives se coupent aussi.

Deux angles qui ont les côtés parallèles chacun à chacun sont égaux quand les côtés parallèles sont tous à la fois dirigés dans le même sens, ou tous à la fois en sens contraires. Quand deux côtés sont dirigés dans le même sens et les deux autres en sens contraires, les angles sont supplémentaires.

Deux angles sont égaux ou supplémentaires lorsque les côtés de l'un sont perpendiculaires aux côtés de l'autre.

Deux parallèles interceptent sur la circonférence des arcs égaux. Examiner la proposition réciproque.

Par un point donné hors d'une droite, mener une parallèle à cette droite.

Faire passer une circonférence par trois points non en ligne droite.

INTERSECTION DES CERCLES.

Positions relatives de deux cercles sur un plan.

Dans deux circonférences sécantes la ligne des centres est perpendiculaire à la corde qui joint les points d'intersection et la divise en deux parties égales.

Lorsque deux circonférences se touchent, le point de contact est situé sur la ligne des centres.

Soit D la distance des centres de deux circonférences, R le plus grand rayon, r le plus petit ; on a si les circonférences sont

Sécantes. . . . $D < R + r$ et $D > R - r$;
Tangentes extérieurement. . . $D = R + r$;
Tangentes intérieurement. . . $D = R - r$;
Extérieures . . . . $D > R + r$;
Intérieures. . . . . $D < R - r$.

Les réciproques sont vraies.

DES POLYGONES.

Définition et variétés du polygone. Variétés du triangle par rapport aux côtés.

La somme des angles d'un triangle est égale à deux droits. Chaque angle extérieur d'un triangle est égal à la somme des deux angles intérieurs qui lui sont opposés. Variétés du triangle par rapport aux angles.

Lorsque deux côtés sont égaux dans un triangle, aux côtés égaux sont opposés des angles égaux. Lorsque deux côtés sont inégaux, au plus grand côté est opposé un plus grand angle. Les réciproques sont vraies. La droite, menée du sommet d'un triangle isocèle au milieu de la base, est perpendiculaire à cette base et divise l'angle du sommet en deux parties égales. Tout triangle équilatéral est équiangle, et réciproquement.

Tout angle inscrit dans un demi-cercle est droit. Mener une tangente à un cercle par un point donné.

Elever une perpendiculaire à l'extrémité d'une droite sans la prolonger.

Inscrire et circonscrire un cercle à un triangle donné. Remarque sur le triangle équilatéral.

Etant donnés deux angles d'un triangle, déterminer le troisième.

Etant donnés les trois côtés d'un triangle, construire le triangle. Condition de possibilité.

Etant donnés deux côtés d'un triangle et l'angle compris, construire le triangle.

Etant donnés un côté et deux angles d'un triangle, construire le triangle.

Etant donnés deux côtés d'un triangle et l'angle opposé à l'un d'eux, construire le triangle. Discuter ce problème. Cas où il n'y a qu'une solution. Cas où il peut y en avoir deux. Cas d'impossibilité.

Variétés du quadrilatère. La somme des angles d'un quadrilatère convexe est égale à 4 droits.

Dans tout parallélogramme les côtés opposés sont égaux ainsi que les angles opposés. Les réciproques sont vraies.

Si deux côtés d'un quadrilatère sont égaux et parallèles, la figure est un parallélogramme.

Les diagonales d'un parallélogramme se coupent mutuellement en deux parties égales. La réciproque est vraie.

Les diagonales sont égales dans un rectangle, et perpendiculaires dans un losange.

Dans tout trapèze la droite qui joint les milieux des côtés latéraux est, 1° parallèle aux bases; 2° également distante de chacune d'elles; 3° égale à leur demi-somme.

Etant donnés les deux côtés contigus d'un parallélogramme et l'un de ses angles, construire le parallélogramme.

La somme des angles intérieurs d'un polygone convexe est égale à autant de fois deux droits que le polygone a de côtés moins deux. Valeur constante de la somme des angles formés en prolongeant dans le même sens les côtés d'un polygone.

Construire un polygone égal à un polygone donné. Nombre des conditions nécessaires pour déterminer un polygone.

MESURE DES LIGNES ET DES ANGLES.

Mesurer une ligne droite. Ajouter et soustraire des lignes droites. Origine géométrique des quantités négatives. Règle de Descartes. Multiplier une droite par un nombre entier. Déterminer le rapport numérique de deux droites.

Mesurer un arc de cercle. Ajouter et soustraire des arcs de même rayon. Même observation que précédemment. Multiplier un arc par un nombre entier. Déterminer le rapport numérique de deux arcs de cercle de même rayon.

Dans le même cercle ou dans des cercles égaux, les angles au centre sont proportionnels aux arcs correspondans. On peut prendre pour mesure d'un angle l'arc compris entre ses côtés et décrit de son sommet comme centre. Division de la circonférence en degrés, minutes, etc.

Tout angle inscrit a pour mesure la moitié de l'arc compris entre ses côtés. Tous les angles inscrits dans le même segment sont égaux. Segmens dans lesquels sont inscrits les angles droits, aigus, obtus.

Tout angle formé par une tangente et une corde a pour mesure la moitié de l'arc compris entre ses côtés.

Mesure de l'angle formé par deux cordes, ou par deux sé-cantes, ou par une sécante et une tangente, ou par deux tan-gentes.

Déterminer le rapport numérique de deux angles. Ajouter et soustraire des angles. Multiplier un angle par un nombre entier.

Décrire sur une droite donnée un segment capable d'un angle donné.

Quatre points étant situés dans un même plan, et trois d'entre eux étant donnés, déterminer le quatrième par la con-naissance des angles que font entre elles les droites qui joi-gnent ce quatrième point aux trois premiers.

Dans tout quadrilatère inscriptible, les angles opposés sont supplémentaires, et réciproquement.

MESURE DES AIRES.

THÉORÈMES QUI S'Y RAPPORTENT.

Aire d'une figure. Figures équivalentes. Quadrature.

Deux rectangles qui ont un côté égal sont entre eux comme l'autre côté.

Deux rectangles sont entre eux comme les produits des bases par les hauteurs.

La surface d'un rectangle est égale au produit de sa base par sa hauteur. Surface d'un carré.

Surface d'un parallélogramme.

Surface d'un triangle. Rapport de deux triangles ayant une dimension commune.

Surface d'un trapèze.

Surface d'un polygone quelconque.

Composition du carré construit sur la somme ou la différence de deux lignes.

Composition du rectangle construit sur la somme et la différence de deux lignes.

Théorème du carré de l'hypothénuse. Rapport des carrés entre eux. La diagonale d'un carré n'a pas de commune mesure avec son côté.

Trouver la différence qui existe entre le carré d'un côté d'un triangle quelconque et la somme des carrés faits sur les deux autres côtés. (Il y a deux cas à distinguer.)

Les réciproques des propositions précédentes sont vraies. Autre moyen d'élever une perpendiculaire à l'extrémité d'une droite qu'on ne peut prolonger.

Dans tout triangle la somme des carrés de deux côtés est équivalente au double du carré de la moitié du troisième côté, plus le double du carré de la droite qui joint le milieu de ce troisième côté au sommet de l'angle opposé.

Dans tout parallélogramme la somme des carrés des côtés est équivalente à la somme des carrés des diagonales. Trouver la valeur de la somme des carrés des côtés dans un quadrilatère quelconque. Réciproques.

FIGURES SEMBLABLES.

Toute ligne menée parallèlement à la base d'un triangle divise les côtés qui comprennent l'angle du sommet en parties proportionnelles. Les portions de deux droites qui se coupent, interceptées entre un nombre quelconque de parallèles, sont proportionnelles.

Toute droite qui divise proportionnellement deux côtés d'un triangle est parallèle au troisième côté.

Toute ligne qui divise en deux parties égales un angle d'un

triangle divise le côté opposé en deux segmens proportionnels aux côtés adjacens. La réciproque est vraie. Ce qui arrive
lorsqu'on partage un angle extérieur en deux parties égales.
Lieu géométrique des sommets d'un triangle dont on connaît
la base et le rapport des côtés.

Partager une longueur donnée en un nombre quelconque
de parties égales. Ce problème correspond à la division arithmétique.

Partager une ligne donnée en parties proportionnelles à des
droites données. Ce problème correspond à la règle de société.

Trouver une quatrième proportionnelle à trois droites données. Ce problème correspond à la règle de trois, à la multiplication et à la division.

Trouver une troisième proportionnelle à deux droites données.

Définition des figures semblables.

Deux triangles équiangles ont les côtés proportionnels et
sont semblables. Les côtés proportionnels sont ceux qui sont
opposés aux angles égaux.

Deux triangles qui ont les côtés proportionnels sont équiangles et semblables.

Deux triangles qui ont les côtés parallèles ou perpendiculaires sont semblables.

Deux triangles qui ont un angle égal compris entre côtés
proportionnels sont semblables. Les portions de deux parallèles, interceptées entre un nombre quelconque de droites
qui concourent, sont proportionnelles.

Si de l'angle droit d'un triangle rectangle, on abaisse une
perpendiculaire sur l'hypothénuse, 1º les deux triangles par-
tiels seront semblables au triangle total, et semblables entre
eux ; 2º chacun des deux côtés qui comprennent l'angle droit
sera moyen proportionnel entre l'hypothénuse et le segment
adjacent ; 3º la perpendiculaire sera moyenne proportionnelle
entre les deux segmens. Le carré fait sur un des côtés de
l'angle droit est équivalent au rectangle construit sur l'hypothénuse et le segment adjacent. Le carré fait sur l'hypothé-

nuse est équivalent à la somme des carrés faits sur les deux autres côtés. La perpendiculaire abaissée d'un point quelconque d'une circonférence sur un diamètre est moyenne proportionnelle entre les deux segmens du diamètre. La corde qui va de ce point à l'une des extrémités du diamètre est moyenne proportionnelle entre le diamètre et le segment adjacent. Les réciproques du théorème sont vraies. Rapports des trois carrés.

Deux triangles qui ont un angle égal sont entre eux comme les rectangles des côtés qui comprennent l'angle égal. Condition pour qu'ils soient équivalens.

Deux triangles semblables sont entre eux comme les carrés des côtés homologues.

Deux polygones semblables sont décomposables en un même nombre de triangles semblables, semblablement disposés. La réciproque est vraie.

Les contours ou périmètres des polygones semblables sont comme les côtés homologues, et leurs surfaces sont comme les carrés des mêmes côtés.

Si d'un point o, pris dans le plan d'un polygone, on mène des droites à tous les sommets, et qu'on partage ces droites en parties qui soient entre elles comme $m : n$, les points de division détermineront un polygone semblable au premier. Ce polygone est toujours le même, quelle que soit la position du point o, et il est égal à tout autre polygone semblable au premier, pourvu que le rapport des arêtes homologues soit égal à $\frac{m}{n}$.

Les parties de deux cordes qui se coupent dans un cercle sont réciproquement proportionnelles. Deux sécantes issues d'un même point sont réciproquement proportionnelles à leurs parties extérieures. Toute tangente est moyenne proportionnelle entre une sécante issue du même point et sa partie extérieure. Ces trois théorèmes peuvent être compris dans un seul énoncé. Réciproques.

Ayant mené d'un même point différentes sécantes à un

cercle, puis des tangentes par les points d'intersection, on demande le lieu des points où se coupent les tangentes qui ont le point de contact sur la même sécante. (Deux cas à considérer.)

PROBLÈMES.

Construire une moyenne proportionnelle entre deux droites. Solutions diverses de ce problème qui correspond à l'extraction des racines carrées.

Trouver graphiquement la longueur d'une ligne dont on a l'expression algébrique en fonctions de lignes connues, soit sans radicaux, soit avec des radicaux du second degré, soit avec des radicaux de la forme $\sqrt[2^m]{}$

Partager une droite en moyenne et extrême raison. Solution synthétique. Solution analytique. Interprétation de la valeur négative.

Construire sur une ligne donnée un polygone semblable à un polygone donné.

Tracer une circonférence qui passe par deux points donnés et qui touche une droite donnée.

Mener une tangente commune à deux cercles. Deux solutions. Discussion.

Faire un carré qui soit égal à la somme ou à la différence de deux carrés donnés.

Faire un carré équivalent à un parallélogramme ou à un triangle donné.

Transformer un polygone quelconque en un triangle équivalent.

Construire sur un côté donné un rectangle équivalent à un carré donné.

Construire un rectangle équivalent à un carré donné et dont deux côtés consécutifs fassent une somme donnée.

Construire un rectangle équivalent à un carré donné, et dont deux côtés consécutifs fassent une différence donnée.

Construire les racines d'une équation du second degré, en la résolvant et sans la résoudre.

Deux figures semblables étant données, construire une figure qui leur soit semblable et qui soit équivalente à leur somme ou à leur différence.

Construire un carré qui soit à un carré donné dans le rapport de deux lignes données.

Construire un polygone semblable à un polygone donné, et équivalent à un autre polygone donné.

Etant donnés les trois côtés d'un triangle, trouver sa surface, le rayon du cercle inscrit et le rayon du cercle circonscrit. Le produit du rayon du cercle inscrit, par les rayons des trois cercles ex-inscrits, est égal au carré de la surface du triangle.

Trouver deux lignes proportionnelles à deux rectangles donnés. Trouver deux lignes proportionnelles à deux produits de trois lignes. Inscrire un carré dans un triangle.

Etant donné un point à une distance égale et connue de deux droites indéfinies qui se coupent perpendiculairement, on demande de mener par ce point une ou plusieurs sécantes, telles que la portion comprise entre les deux premières droites soit d'une longueur donnée. Construction et discussion du résultat.

Mener parallèlement aux bases d'un trapèze une ligne qui partage cette figure en deux parties qui soient entre elles dans un rapport donné. Discuter les différens cas de ce problème, et construire les résultats.

DES POLYGONES RÉGULIERS ET DU CERCLE.

Définition des polygones réguliers. Valeur de l'un des angles du triangle équilatéral, du pentagone régulier, de l'hexagone régulier, du décagone régulier, d'un polygone régulier quelconque.

Deux polygones réguliers, d'un même nombre de côtés, sont deux figures semblables.

On peut toujours inscrire et circonscrire un cercle à un polygone régulier. Ce qu'on entend par centre, angle au centre, rayon et apothème d'un polygone régulier. Valeur de l'angle au centre d'un polygone régulier donné.

Si une circonférence est divisée en parties égales, et que par les points de division consécutifs, on mène 1° des cordes, 2° des tangentes, on obtient deux polygones réguliers dont l'un est inscrit au cercle, et dont l'autre lui est circonscrit.

Un polygone régulier étant inscrit, circonscrire un polygone régulier semblable. Relation qui existe entre leurs côtés. Réciproque.

Un polygone régulier étant inscrit, inscrire un polygone régulier d'un nombre de côtés double. Un polygone régulier d'un nombre de côtés pair étant inscrit, inscrire un polygone régulier d'un nombre de côtés deux fois moindre. Relation qui existe entre leurs côtés.

Un polygone régulier étant circonscrit, circonscrire un polygone régulier d'un nombre de côtés double. Un polygone régulier d'un nombre de côtés pair étant circonscrit, circonscrire un polygone régulier d'un nombre de côtés deux fois moindre.

Inscrire les polygones réguliers de 4, 8, 16, 32.... côtés. Le côté du carré inscrit est au rayon :: $\sqrt{2}$: 1.

Le côté de l'hexagone régulier inscrit est égal au rayon. Inscrire les polygones réguliers de 3, 6, 12, 24 côtés. Le côté du triangle équilatéral inscrit est au rayon :: $\sqrt{3}$: 1.

Le côté du décagone régulier inscrit, est égal à la plus grande partie du rayon partagé en moyenne et extrême raison. Inscrire les polygones réguliers de 5, 10, 20, 40, 80.... côtés.

L'arc soutendu par le côté du pentédécagone régulier inscrit est la différence des arcs soutendus par les côtés de l'hexagone et du décagone. Inscrire les polygones réguliers de 15, 30, 60... côtés.

Construire sur un côté donné un des polygones réguliers

qu'on sait inscrire dans un cercle. Inscrire ou circonscrire à un cercle un polygone régulier semblable à un polygone régulier donné.

Le carré fait sur le côté du pentagone régulier inscrit est égal à la somme des carrés construits sur le rayon et sur le côté du décagone. Manière simple d'obtenir en même temps le côté du pentagone et le côté du décagone.

Connaissant le rayon et l'apothème d'un polygone régulier, trouver le rayon et l'apothème d'un polygone régulier isopérimètre d'un nombre de côtés double.

Etant données les surfaces d'un polygone régulier inscrit et d'un polygone semblable circonscrit, trouver les surfaces des polygones réguliers inscrit et circonscrit d'un nombre de côtés double.

Etant donné un polygone régulier, trouver la valeur du rayon et de l'apothème du polygone régulier de même surface et d'un nombre de côtés double.

Deux circonférences concentriques étant données, on peut toujours supposer inscrit à la plus grande un polygone régulier dont les côtés ne rencontrent pas la plus petite, et circonscrit à la plus petite un polygone régulier dont les côtés ne rencontrent pas la grande.

Théorème analogue pour deux secteurs concentriques.

Les périmètres des polygones réguliers d'un même nombre de côtés sont comme les rayons ou comme les apothèmes, et leurs surfaces sont comme les carrés de ces lignes. La circonférence est la limite des polygones réguliers inscrits ou circonscrits. Le cercle est la limite des aires des mêmes polygones.

Les circonférences des cercles sont comme les rayons, et les surfaces comme les carrés des rayons. Deux arcs semblables sont entre eux comme les rayons, et deux secteurs semblables comme les carrés des rayons.

Deux angles au centre de deux cercles différens sont entre eux comme les arcs compris divisés par les rayons.

L'aire d'un polygone régulier est égale à son périmètre multiplié par la moitié de son apothème.

Le cercle a pour mesure sa circonférence multipliée par la moitié du rayon. Aire d'une couronne circulaire. Aire d'un secteur. Aire de la différence de deux secteurs concentriques.

Soit r le rayon d'un cercle, π le rapport de la circonférence au diamètre, $2\,\pi\,r$ sera la longueur de la circonférence, et $\pi\,r^2$ la valeur de la surface.

Trouver le rapport approché de la circonférence au diamètre.

DROITES PERPENDICULAIRES ET OBLIQUES AU PLAN.

L'intersection d'une droite et d'un plan est un point. L'intersection de deux plans est une ligne droite. Ce qu'on entend par droites perpendiculaires et obliques à un plan.

Si une droite est perpendiculaire à deux autres, menées par son pied dans un plan, elle est perpendiculaire au plan.

Par un point donné sur un plan ou hors d'un plan, on peut toujours mener une perpendiculaire à ce plan et on ne peut en mener qu'une.

Par un point donné sur une droite ou hors d'une droite, mener un plan perpendiculaire à cette droite. Ce plan est unique.

Le plan perpendiculaire à une droite en un point donné est le lieu des perpendiculaires que l'on peut élever à la droite par le point donné.

Le plan perpendiculaire sur le milieu d'une droite est le lieu des points également distans des extrémités de cette droite.

Si d'un point pris hors d'un plan on mène une perpendiculaire et différentes obliques à ce plan, 1º la perpendiculaire sera plus courte que toute oblique ; 2º les obliques également éloignées du pied de la perpendiculaire sont égales ; 3º l'oblique qui s'écarte le plus du pied de la perpendiculaire est la plus grande. Les réciproques sont vraies. La perpendiculaire menée d'un point à un plan est la mesure de leur distance. Moyen de la mener. Ce qu'on entend par angle d'inclinaison d'une oblique. Prouver qu'il est un minimum.

La perpendiculaire élevée par le centre d'un cercle est le lieu des points équidistans de tous les points de la circonférence de ce cercle.

Si deux droites sont, l'une tracée dans un plan, l'autre perpendiculaire à ce plan ; que du pied de celle-ci on mène une perpendiculaire à la première, et qu'on joigne leur intersection à un point quelconque de la perpendiculaire au plan, cette dernière droite sera perpendiculaire à celle qui était d'abord tracée dans le plan.

DES DROITES ET PLANS PARALLÈLES.

Définition des droites et plans parallèles.

Lorsque deux droites sont parallèles, tout plan perpendiculaire à l'une est aussi perpendiculaire à l'autre.

Deux droites perpendiculaires à un même plan sont parallèles.

Deux droites parallèles à une troisième dans l'espace sont parallèles entre elles.

Une droite est parallèle à un plan lorsqu'elle est parallèle à une autre droite menée dans ce plan.

Les intersections de deux plans parallèles par un troisième sont parallèles.

Lorsque deux plans sont parallèles, toute droite perpendiculaire à l'un est aussi perpendiculaire à l'autre.

Deux plans perpendiculaires à une même droite sont parallèles.

Les parties de deux droites parallèles interceptées entre deux plans parallèles sont égales. Deux plans parallèles sont partout également distans.

Deux plans parallèles à un troisième sont parallèles entre eux.

Si deux angles non situés dans le même plan ont les côtés

parallèles, ils sont égaux ou supplémentaires, et leurs plans sont parallèles.

Si trois droites non situées dans le même plan sont égales et parallèles, les triangles que l'on forme en joignant leurs extrémités sont égaux et parallèles.

Les portions de deux droites quelconques, interceptées entre trois plans parallèles, sont proportionnelles.

ANGLES DIÈDRES.

Angle dièdre. Arête.

Un angle dièdre a pour mesure l'angle formé par les perpendiculaires menées dans les deux plans à un même point de l'intersection commune.

Plans perpendiculaires. Plans obliques. Angle dièdre droit, aigu, obtus. La somme de deux dièdres adjacens est égale à deux dièdres droits. Les dièdres opposés au sommet sont égaux. Quand deux plans parallèles sont coupés par un troisième, on a les mêmes égalités d'angles que dans un système de deux droites parallèles coupées par une troisième. Condition pour que la réciproque soit vraie.

Lorqu'une droite est perpendiculaire à un plan, tout autre plan mené suivant la droite est perpendiculaire au premier.

Lorsque deux plans sont perpendiculaires entre eux, toute droite menée dans l'un des deux perpendiculairement à la section commune est perpendiculaire à l'autre plan. La réciproque est vraie.

Lorsque deux plans qui se coupent sont perpendiculaires à un troisième, leur commune section est aussi perpendiculaire à ce troisième plan.

Si d'un point pris dans l'intérieur d'un angle dièdre, on abaisse une perpendiculaire sur chaque face, l'angle de ces deux perpendiculaires sera le supplément de l'angle dièdre.

ANGLES TRIÈDRES ET POLYÈDRES.

Trois plans qui ne passent pas par la même ligne droite ne peuvent avoir qu'un point commun.

Ce qu'on entend par angle trièdre ; par angle polyèdre, concave ou convexe ; par angles symétriques. Tout angle polyèdre est décomposable en angles trièdres.

Dans tout angle trièdre, une face quelconque est plus petite que la somme des deux autres.

Etant donnés trois angles plans tels que chacun d'eux est plus petit que la somme des deux autres, il est toujours possible de former avec eux un angle trièdre.

Dans tout angle polyèdre la somme des faces est moindre que 4 droits.

Deux angles trièdres qui ont les faces égales chacune à chacune, ont aussi les angles dièdres égaux et sont superposables ou symétriques. Lorsque deux angles trièdres symétriques ont une face commune, les deux arêtes restantes sont situées dans un même plan perpendiculaire au plan de la face commune et sont également inclinées à l'égard de cette face.

Si d'un point pris dans l'intérieur d'un angle trièdre, on abaisse des perpendiculaires sur les trois faces, ces trois perpendiculaires seront les arêtes d'un nouvel angle trièdre dont les faces seront les supplémens des angles dièdres du premier, et réciproquement.

Deux angles trièdres qui ont les angles dièdres égaux ont aussi les faces égales et sont superposables ou symétriques.

On peut proposer sur l'angle trièdre six problèmes qui se réduisent à trois au moyen de l'angle trièdre supplémentaire.

Etant données les trois faces, déterminer les trois angles.

Etant données deux faces et l'angle compris, déterminer la troisième face et les deux autres angles.

Etant données deux faces et l'angle opposé à l'une d'elles, trouver la troisième face et les deux autres angles.

DES CERCLES DE LA SPHÈRE.

Surface sphérique. Centre. Sphère. Rayon. Diamètre ou axe.

Quatre points non situés dans un même plan déterminent une sphère.

Toute section de la sphère faite par un plan est un cercle. Grand cercle. Petits cercles. Tout grand cercle divise la sphère et sa surface en deux parties égales. Réciproquement... Deux points de la surface sphérique déterminent un grand cercle. Deux grands cercles se coupent mutuellement en deux parties égales. Fuseau sphérique. Coin sphérique.

Les petits cercles également éloignés du centre sont égaux et réciproquement. Les petits cercles sont d'autant plus petits qu'ils sont plus éloignés du centre, et réciproquement.

Tout plan perpendiculaire à l'extrémité du rayon est tangent à la sphère, et réciproquement.

Ce qu'on entend par triangle sphérique : dans tout triangle spérique un côté quelconque est plus petit que la somme des deux autres.

Le plus court chemin entre deux points pris sur la surface de la sphère, est le plus petit des deux arcs de grand cercle qui les joignent.

Ce qu'on entend par pôles. Les extrémités du diamètre perpendiculaire au plan d'un grand cercle sont les pôles de ce cercle et des cercles parallèles.

Etant donnée une sphère, déterminer son rayon par une construction plane.

Décrire sur la surface d'une sphère une circonférence de grand cercle passant par deux points donnés. Autres constructions.

L'intersection de deux sphères est un cercle. Conditions de contact.

L'angle sphérique formé par deux arcs de grand cercle est égal à l'angle formé par les tangentes de ces arcs au point où ils se coupent. Il a aussi pour mesure l'arc de grand cercle décrit du sommet comme pôle, et compris entre ses côtés.

Le fuseau est à la surface de la sphère comme l'angle de ce fuseau est à $4d$, ou comme l'arc qui mesure cet angle est à la circonférence. Deux fuseaux sont entre eux dans le même rapport que leurs angles.

DES POLYGONES SPHÉRIQUES.

Ce qu'on entend par polygones sphériques.

Dans tout triangle sphérique et dans tout polygone sphérique convexe, la somme des côtés est moindre que la circonférence d'un grand cercle.

Un triangle sphérique étant donné, construire son symétrique.

Deux triangles sphériques ont toutes leurs parties égales 1° lorsqu'ils ont un angle égal compris entre côtés égaux ; 2° lorsqu'ils ont un côté égal adjacent à deux angles égaux ; 3° lorsqu'ils ont les trois côtés égaux.

Dans tout triangle sphérique isocèle les angles opposés aux côtés égaux sont égaux, et réciproquement. Dans tout triangle sphérique au plus grand angle est opposé le plus grand côté, et réciproquement.

Ce qu'on entend par triangles polaires. Construire le triangle polaire d'un triangle sphérique donné. Chaque angle de l'un de ces triangles a pour mesure le supplément du côté opposé de l'autre triangle. On a les mêmes relations entre les triangles polaires et les angles trièdres supplémentaires. On peut placer au centre d'une sphère un angle trièdre et son supplémentaire de manière à former deux triangles polaires sur la surface sphérique.

Si deux triangles tracés sur la même sphère ou sur des sphères égales sont équiangles, ils seront aussi équilatéraux.

La somme des angles de tout triangle sphérique est moindre que six et plus grande que deux angles droits. Triangle sphérique rectangle, birectangle, trirectangle.

Mesure du fuseau en prenant l'angle droit pour unité d'angle et le triangle trirectangle pour unité de surface.

Deux triangles sphériques symétriques sont équivalens.

Si deux grands cercles se coupent dans une hémisphère, la somme des triangles opposés sera égale au fuseau qui a pour angle l'angle commun aux deux triangles.

La surface d'un triangle sphérique a pour mesure l'excès de la somme de ses trois angles sur deux angles droits. Angle d'un fuseau équivalent à un triangle sphérique donné. Mesure du polygone sphérique.

DES POLYÈDRES.

Ce que c'est qu'un prisme. Comment on le construit. Un prisme est déterminé quand on connaît sa base et une arête avec sa position. Hauteur d'un prisme. Prisme droit. Deux prismes droits de même base et de même hauteur sont égaux. Prisme triangulaire, quadrangulaire, pentagonal. Prisme tronqué.

Deux prismes sont égaux lorsqu'ils ont un angle solide compris entre trois faces égales chacune à chacune et semblablement placées.

Les sections d'un prisme, faites par deux plans parallèles, sont des polygones égaux et parallèles.

Ce qu'on entend par parallélipipède. Parallélipipède oblique, droit, rectangle, à bases carrées; cube.

Dans tout parallélipipède les faces opposées sont égales et parallèles.

Dans tout parallélipipède les angles solides opposés sont symétriques, et les diagonales, menées par les sommets opposés, se coupent mutuellement en un même point et en deux parties égales. Centre du parallélipipède.

Pyramide. Base et hauteur. Pyramide triangulaire, quadrangulaire.... Tronc de pyramide. Toute pyramide est décomposable en pyramides triangulaires. Tétraèdre.

Lorsqu'on coupe une pyramide par un plan parallèle à sa

base, 1º les arêtes et la hauteur sont coupées en parties proportionnelles ; 2º la base et la section sont deux figures semblables et sont proportionnelles aux carrés de leurs distances au sommet de la pyramide. Lorsque deux pyramides de même hauteur sont coupées parallèlement à leurs bases et à la même distance de ces bases', les bases et les sections sont proportionnelles.

Polyèdre. Diagonale. Polyèdre convexe. Tout polyèdre est décomposable en pyramides triangulaires.

Evaluer la surface d'un polyèdre.

VOLUMES DES POLYÈDRES.

Volume. Unité de volume. Cubature.

Deux parallélipipèdes rectangles de même base sont entre eux comme les hauteurs.

Deux parallélipipèdes rectangles de même hauteur sont entre eux comme leurs bases.

Deux parallélipipèdes rectangles quelconques sont entre eux comme les produits des bases par les hauteurs.

Tout parallélipipède rectangle a pour mesure le produit de sa base par sa hauteur.

Si deux parallélipipèdes ont une base commune et que leurs bases supérieures soient comprises dans un même plan et entre les mêmes parallèles, ces deux parallélipipèdes seront équivalens. Deux parallélipipèdes de même base et de même hauteur sont équivalens.

Tout parallélipipède oblique peut être transformé en un parallélipipède rectangle équivalent, de base équivalente et de même hauteur. Volume du parallélipipède.

Le plan qui passe par deux arêtes opposées d'un parallélipipède le décompose en deux prismes triangulaires équivalens.

Volume d'un prisme quelconque.

Deux pyramides triangulaires sont équivalentes lorsqu'elles ont des bases équivalentes et même hauteur.

Toute pyramide triangulaire est équivalente au tiers d'un

prisme de même base et de même hauteur. Volume de la pyramide triangulaire.

Volume d'une pyramide quelconque.

Volume d'un polyèdre quelconque.

Volume du tronc de prisme triangulaire.

Volume du tronc de pyramide à bases parallèles. Calculer la hauteur de la pyramide entière. Deuxième démonstration.

DES POLYÈDRES SEMBLABLES, SYMÉTRIQUES ET RÉGULIERS.

Définition des polyèdres semblables.

Deux pyramides triangulaires sont semblables lorsqu'elles ont les côtés proportionnels et disposés de la même manière.

Deux pyramides triangulaires sont semblables lorsqu'elles ont deux faces semblables disposées de la même manière et formant un angle dièdre égal.

Deux pyramides semblables sont décomposables en un même nombre de pyramides triangulaires semblables et semblablement disposées.

Lorsqu'on coupe une pyramide quelconque par un plan parallèle à la base, la pyramide partielle est semblable à la pyramide entière.

Si d'un point o, pris dans l'espace, on mène des droites à tous les sommets d'un polyèdre, et qu'on partage ces droites en parties qui soient entre elles : : m : n, les points de division détermineront un polyèdre semblable au premier. Ce polyèdre est toujours le même, quelle que soit la position du point o, et il est égal à tout autre polyèdre semblable au premier, pourvu que le rapport des arêtes homologues soit égal à $\frac{m}{n}$. Les arêtes homologues des polyèdres semblables, les diagonales des faces homologues et les diagonales intérieures aux polyèdres sont proportionnelles.

Deux polyèdres semblables sont décomposables en un même nombre de pyramides triangulaires semblables et semblablement placées.

Un point est déterminé quand on connaît ses distances à trois points fixes pris dans un plan et non en ligne droite.

Si les sommets de deux polyèdres, rapportés à des plans fixes, se trouvent déterminés par des pyramides triangulaires semblables chacune à chacune et semblablement disposées, ces deux polyèdres seront semblables.

Construire un polyèdre semblable à un polyèdre donné.

Deux pyramides semblables sont entre elles comme les cubes des côtés homologues. *Idem* pour deux polyèdres semblables. Rapport des aires de deux polyèdres semblables.

Définition de la symétrie par rapport à un plan et par rapport à un point.

Dans deux polyèdres symétriques les faces homologues sont égales chacune à chacune, et l'inclinaison de deux faces adjacentes dans l'un de ces solides est égale à l'inclinaison des faces homologues dans l'autre. Les angles solides homologues sont symétriques. Un polyèdre n'a qu'un seul symétrique.

Lorsqu'on fait passer un plan par deux arètes opposées d'un parallélipipède, on le décompose en deux prismes triangulaires symétriques.

Deux polyèdres symétriques sont équivalens.

Définition des polyèdres réguliers.

Il ne peut y avoir que cinq polyèdres réguliers.

Construction du tétraèdre régulier.

——————— de l'octaèdre.

——————— de l'icosaèdre.

——————— de l'hexaèdre.

— ——————— du dodécaèdre.

Centre, rayon et apothème du polyèdre régulier. Étant donné un polyèdre régulier, trouver son apothème et son rayon. Trouver l'angle de deux faces. Deux polyèdres réguliers de même nom sont semblables.

LES TROIS CORPS RONDS.

Cylindre circulaire droit. Axe et rayon de base. Prisme régulier. Inscrire ou circonscrire un prisme régulier à un cylindre.

Mesure de la surface convexe et du volume d'un cylindre.

Cône circulaire droit. Apothème. Axe. Pyramide régulière. Inscrire ou circonscrire une pyramide régulière à un cône.

Toute section faite dans un cône par un plan parallèle à la base est un cercle. Tronc de cône. La base et la section sont entre elles comme les carrés de leurs distances au sommet du cône, et les circonférences sont entre elles comme ces distances.

Connaissant les dimensions d'un tronc de cône à bases parallèles, calculer la hauteur du cône entier.

Mesure de la surface latérale et du volume d'un cône.

Mesure de la surface latérale et du volume d'un tronc de cône à bases parallèles.

Mesure de la surface sphérique. Mesure de la zone à une et à deux bases. On les déduit de l'expression de la surface engendrée par un contour régulier tournant autour d'une droite qui passe par le centre. Rapport de la zone à la sphère.

Trouver le volume de la sphère et celui d'un secteur sphérique. On cherche d'abord le volume engendré par un triangle tournant autour d'une droite située dans son plan et passant par un de ses sommets. De là on passe au volume engendré par la révolution d'un secteur polygonal régulier, et ensuite à la sphère et au secteur. Rapport du volume d'un secteur sphérique à celui de la sphère entière.

Trouver le volume engendré par un segment circulaire tournant autour d'un diamètre extérieur à ce segment.

Trouver le volume d'un segment de sphère compris entre deux plans parallèles. Examiner le cas où l'une des deux bases est nulle.

Trouver le rapport de la surface et du volume de la sphère
à la surface et au volume

Du cylindre circonscrit ;

Du cylindre équilatéral inscrit ;

Du cône équilatéral circonscrit ;

Du cône équilatéral inscrit.

Cylindres et cônes semblables. Rapports de leurs aires et
de leurs volumes.

Trouver le volume engendré par la révolution d'un hexagone
régulier autour d'un de ses côtés. Trouver le rapport de ce
volume à celui de la sphère qui aurait pour diamètre le côté
de l'hexagone régulier.

PRINCIPES
DE GÉOMÉTRIE DESCRIPTIVE.

Objet de la géométrie descriptive.

Projections orthogonales. Angle des plans de projection et
position de ces plans. Ligne de terre.

Projection d'un point. Un point est déterminé par ses deux
projections. Condition nécessaire et suffisante pour que deux
points, situés dans les deux plans de projection, soient les
projections d'un même point de l'espace. Distance du point
projeté à chacun des plans de projection. Situation des projections d'un point lorsqu'on rabat l'un des plans sur l'autre.
Examen des diverses positions d'un point dans l'espace à l'é-
gard des plans de projection.

Projections, traces et plans projetans d'une ligne droite.
Une droite est déterminée par ses deux projections. Cas d'ex-
ception. Positions diverses d'une droite dans l'espace par rapport aux plans.

Projection et cylindre projetant d'une ligne courbe. Une
courbe est déterminée par ses deux projections. Courbes
planes. Courbes à double courbure. Positions diverses d'une
courbe plane à l'égard des plans.

Traces d'un plan. Un plan est déterminé par ses traces. Positions d'un plan à l'égard des plans de projection.

Précautions à observer avant la construction des épures. Ce qu'on entend par lignes principales, lignes auxiliaires, lignes visibles, lignes invisibles. Règles pour la ponctuation de ces diverses lignes.

Connaissant les projections d'une ligne droite, trouver ses traces. Réciproque.

Trouver la droite qui passe par deux points donnés, et la distance de ces deux points. Trouver sur une droite connue un point qui soit éloigné d'une quantité donnée d'un autre point assigné sur cette ligne.

Connaissant une droite et un point, mener par ce point une parallèle à la droite.

Faire passer un plan, 1° par trois points, 2° par un point et par une droite.

Par un point donné mener un plan parallèle à un plan donné.

Trouver l'intersection de deux plans. Examiner les cas suivans : 1° celui où l'un des plans donnés a une de ses traces perpendiculaire à la ligne de terre ; 2° celui où sur un plan de projection les traces des deux plans sont parallèles, 3° celui où les deux plans donnés rencontrent la ligne de terre au même point ; 4° celui où les deux plans donnés sont parallèles à la ligne de terre.

Déterminer le point d'intersection de trois plans.

Trouver l'intersection d'une droite et d'un plan. Examiner le cas où la droite est perpendiculaire à un des plans de projection.

Connaissant une seule projection d'un point ou d'une droite que l'on sait être située dans un plan connu, trouver la seconde projection.

Par un point donné mener une droite qui rencontre deux droites données.

Lorsqu'une droite est perpendiculaire à un plan, les projections de cette ligne sont respectivement perpendiculaires aux traces du plan. La réciproque est vraie.

Trouver la plus courte distance d'un point à un plan.

Trouver la plus courte distance d'un point à une droite. Résoudre ce problème, 1° en menant par le point donné un plan perpendiculaire à la droite; 2° en menant un plan par le point et par la droite, et le rabattant sur le plan horizontal. Trouver sur une droite connue un point situé à une distance donnée d'un point donné.

Trouver les angles que fait une droite donnée avec les plans de projection.

Trouver l'angle que fait un plan donné avec chaque plan de projection. Trouver l'angle des deux traces.

Par un point donné mener un plan qui fasse des angles donnés avec les plans de projection.

Construire l'angle de deux droites. Cas particuliers. Partager le même angle en deux parties égales.

Entre deux droites non situées dans le même plan, on peut toujours mener une perpendiculaire commune, et on ne peut en mener qu'une. Elle est la plus courte distance des deux droites.

Construire la plus courte distance de deux droites non situées dans le même plan.

Réduire un angle à l'horizon.

Faire passer un cercle par trois points donnés.

Faire passer une sphère par quatre points.

Inscrire une sphère dans une pyramide triangulaire.

Génération et représentation des surfaces cylindriques et coniques. Ce qu'on entend par plan tangent à une surface courbe.

Mener un plan tangent à une surface cylindrique, 1° par un point pris sur la surface; 2° par un point extérieur; 3° parallèlement à une droite donnée.

Mêmes problèmes pour une surface conique.

Mener par une droite donnée un plan tangent à une sphère

III.

SUITE DE L'ARITHMÉTIQUE ET DE L'ALGÈBRE.

FRACTIONS CONTINUES.

Définition des fractions continues. Intégrantes. Quotiens incomplets. Fractions convergentes ou réduites.

Les réduites sont alternativement plus petites et plus grandes que la fraction continue.

Loi suivant laquelle toutes les réduites, à partir de la troisième, se déduisent les unes des autres. Manière de disposer l'opération.

Valeur et signe de la différence qui existe entre deux réduites consécutives quelconques.

Les réduites formées d'après la loi ci-dessus sont des fractions irréductibles.

Chaque réduite est plus approchée de la valeur exacte de la fraction continue que la réduite qui la précède. On a ici une deuxième démonstration du premier théorème.

Limites supérieure et inférieure de l'erreur qu'on commet en prenant une réduite de rang quelconque pour la valeur de la fraction continue. On peut toujours avoir la valeur d'une fraction continue exactement ou avec tel degré d'approximation qu'on veut.

Chaque réduite approche de la valeur exacte de la fraction continue plus que toute autre fraction qui aurait un dénominateur moindre que celui de cette réduite.

Développer une quantité quelconque en fraction continue. Règle pour convertir une fraction ordinaire en fraction continue. Convertir en fraction continue une quantité irrationnelle exprimée en décimales. Exemples de quantités irrationnelles réduites directement en fractions continues

Toute quantité fractionnaire rationnelle peut être exprimée par une fraction continue qui se termine et, réciproquement. Toute quantité incommensurable, développée en fraction continue, donne lieu à une fraction continue qui se prolonge indéfiniment et réciproquement.

Manière simple et rapide de trouver en fraction ordinaire la valeur d'une fraction continue.

Développer en fractions continues les racines d'une équation du second degré.

Toute fraction continue périodique est égale à l'une des racines d'une équation du second degré, à coefficiens rationnels.

DES PROGRESSIONS.

Equidifférence continue. Moyenne différentielle. Progression arithmétique ou par différence, croissante, décroissante.

Evaluation d'un terme de rang quelconque.

La somme de deux termes à égale distance des extrêmes est égale à la somme des extrêmes. Connaissant le nombre des termes d'une progression et les deux extrêmes, trouver la somme des termes.

Connaissant deux termes et leur rang, trouver la raison.

Insérer entre deux nombres un nombre donné de moyens différentiels.

Résoudre les dix questions que l'on peut proposer sur les progressions arithmétiques.

Proportion continue. Moyenne proportionnelle. Progression géométrique ou par quotient, croissante, décroissante.

Evaluation d'un terme de rang n.

Trouver la somme des termes.

Connaissant deux termes et leur rang trouver la raison.

Insérer entre deux nombres un nombre donné de moyens proportionnels.

Résoudre les dix questions que l'on peut proposer sur les progressions géométriques.

Limite de la somme des termes d'une progression géomé-
rique indéfiniment décroissante. Appliquer cette limite à la
recherche de la fraction génératrice d'une fraction décimale
périodique.

ANALYSE INDÉTERMINÉE.

Ce qu'on entend par problème indéterminé. Objet de l'a-
nalyse indéterminée.

Si a et b ont un commun diviseur, l'équation $ax+by=c$,
ne peut être résolue en nombres entiers. Lorsque a et b sont
premiers entre eux, il existe toujours des solutions entières.

Connaissant une solution entière de l'équation $ax+by=c$,
trouver toutes les autres. Loi des valeurs successives d'x et
d'y.

Examen de quelques cas où il est facile de découvrir une
première solution d'après la forme de l'équation.

Trouver une première solution au moyen des fractions
continues.

Méthode directe pour trouver toutes les solutions entières.
Vérification des formules qui les donnent. Simplifications.

Etant données les formules qui renferment les valeurs entières d'x et d'y, trouver les solutions entières et positives.

Résoudre en nombres entiers et positifs un système de
deux équations entre trois inconnues. Idem un système de
trois équations entre quatre inconnues.

Résoudre en nombres entiers et positifs une équation entre
trois inconnues.

Une société d'hommes et de femmes a dépensé dans une
fête 1,000 f.: les hommes ont payé 19 f. et les femmes 11.
Combien y avait-il d'hommes et de femmes?

Avec des règles de deux longueurs différentes, les unes de
5 décimètres, les autres de 7, on propose de faire en les plaçant les unes à la suite des autres, une longueur de 23 décimètres.

Quel est le nombre qui, divisé par 5 et par 7, donne 4 et 2 pour restes?

En comptant les feuillets d'un livre 7 à 7, il en reste 1; 10 à 10, il en reste 6; 3 à 3, il ne reste rien. Combien le livre a-t-il de feuillets?

Un fermier achète 100 pièces de bétail pour 100 louis, savoir : des bœufs à dix louis la pièce, des vaches à cinq louis, des veaux à deux louis et des moutons à un demi-louis. Combien a-t-il acheté d'animaux de chaque espèce?

Déterminer en nombres entiers et positifs un rectangle dont la surface contienne m fois autant de mètres carrés, que son contour contient de mètres.

Etant donné le côté d'un cube en nombre entier, on demande en nombres entiers et positifs le côté de la base et la hauteur d'un parallélipipède rectangle à base carrée, de manière que leurs capacités soient comme leurs surfaces.

RADICAUX. EXPOSANS FRACTIONNAIRES.
ÉQUATIONS EXPONENTIELLES.

Réduire un radical à sa plus simple expression. Faire passer sous le radical un facteur qui est en dehors.

Définition, addition et soustraction des radicaux semblables.

Multiplication et division des radicaux de même indice.

Puissances et racines des quantités radicales.

La valeur arithmétique d'un radical ne change pas quand on multiplie ou qu'on divise par un même nombre l'indice du radical et les exposans de la quantité soumise au radical.

Réduction des radicaux au même indice.

Multiplication et division des radicaux d'indices différens.

Origine et signification des exposans fractionnaires positifs et négatifs. Les règles de calcul des exposans fractionnaires sont les mêmes que celles des autres exposans.

Ecrire sous une forme entière et rationnelle et ensuite ordonner les différens termes d'un polynôme qui renferme des quantités fractionnaires et des quantités radicales. Multiplication et division de polynômes ainsi préparés.

Les puissances ascendantes d'un nombre quelconque ont ∞ ou o pour limite, suivant que le nombre est plus grand ou plus petit que l'unité.

Les racines ascendantes d'un nombre quelconque ont l'unité pour limite.

Tous les nombres entiers ou fractionnaires commensurables ou incommensurables peuvent être considérés comme les puissances d'un nombre constant, positif et différent de l'unité.

Résoudre l'équation $a^x = b$. On supposera 1° $a > 1, b > 1$; 2° $a > 1, b < 1$; 3° $a < 1, b > 1$; 4° $a < 1, b < 1$.

Trouver la condition pour que x soit commensurable. Examiner le cas où les facteurs premiers de a ont tous l'unité pour exposant.

THÉORIE DES LOGARITHMES.
QUESTIONS D'INTERÊT.

Définition des logarithmes. Les logarithmes de l'unité et de la base sont toujours o et 1. Les logarithmes de deux nombres réciproques sont égaux et de signe contraire. Le logarithme d'un nombre négatif est une quantité imaginaire.

Logarithmes d'un produit, d'un quotient, d'une puissance et d'une racine.

Formation des tables. Quels sont, dans la base 10, les logarithmes commensurables ?

Passer d'une base à une autre. Module.

Résolution des équations exponentielles par les logarithmes.

Que devient un nombre quand on augmente ou qu'on diminue son logarithme de n unités. Réciproque.

Passer d'un logarithme entièrement négatif à un logarithme ayant la caractéristique seule négative. Réciproque.

Reconnaître, à l'inspection de la caractéristique d'un logarithme, le rang du chiffre des plus hautes unités du nombre correspondant. 3 cas à distinguer. Réciproque.

Un nombre étant donné, trouver son logarithme. Divers cas.

Un logarithme étant donné, trouver le nombre auquel il appartient. 3 cas.

Des complémens arithmétiques et de leur usage.

Déduire les logarithmes d'un système de progressions. Démontrer leurs propriétés. Expliquer la formation des tables.

Les logarithmes ainsi envisagés sont les mêmes que ceux qu'on déduit d'une base convenablement choisie.

Formules pour l'intérèt et l'escompte composés.

Trouver dans combien de temps une somme, placée à intérêt composé, sera doublée.

Quelle valeur produira-t-on, au bout d'un certain nombre d'années, si on ajoute chaque année au capital primitif une somme nouvelle? Cas particulier où les sommes sont égales.

Annuité. Un emprunt est fait sous la condition d'être remboursé au moyen d'un certain nombre d'annuités; trouver la quotité de l'annuité d'après un intérêt convenu.

Plusieurs sommes sont payables à des échéances différentes; on veut les fondre en une seule payable à une époque donnée. Trouver le montant de celle-ci.

BINOME DE NEUTON. PUISSANCES.

COMMUN DIVISEUR.

Arrangemens. Permutations. Combinaisons. Trouver le nombre des arrangemens de m lettres n à n.

Trouver le nombre des permutations de n lettres.

Trouver le nombre des combinaisons de m lettres n à n. Règle pour déduire les unes des autres les quotités de combinaisons.

Un produit de n nombres entiers consécutifs est toujours divisible par le produit des n premiers nombres entiers.

Le nombre des combinaisons *n* à *n* est égal au nombre des combinaisons *m—n* à *m—n*.

Trouver le plus grand terme ou terme du milieu. Il se répète ou ne se répète pas, selon que *m* est impair ou pair.

Démonstration de la formule du binôme. Terme général. Loi suivant laquelle chaque terme se déduit de celui qui précède. Les coefficiens de deux termes équidistans des extrêmes sont égaux numériquement.

La somme des coefficiens du développement de $(x+a)^m$ est égale à 2^m, somme des coefficiens du développement de $(x—a)^m$.

Extraire la racine n^{me} d'un nombre exactement ou avec une approximation donnée.

Extraire la racine n^{me} d'un polynôme. Caractères auxquels on reconnaît qu'elle n'est point exacte.

Toute quantité première qui divise exactement un produit de deux quantités entières, doit diviser l'une d'elles.

Il n'existe qu'un seul système de facteurs premiers dont le produit soit égal à une quantité donnée.

Définition du plus grand commun diviseur algébrique. Trouver le plus grand commun diviseur de tant de polynômes qu'on voudra, sachant trouver celui de deux polynômes. On peut multiplier ou diviser un des deux polynômes sur lesquels on opère, par un facteur premier avec l'autre.

Trouver le plus grand commun diviseur de deux polynômes qui ne contiennent qu'une lettre.

Même question pour deux polynômes contenant deux lettres.

Même question pour deux polynômes contenant trois ou un plus grand nombre de lettres.

En ajoutant, retranchant, multipliant et divisant des expressions de la forme $a+b\sqrt{-1}$, on obtient toujours des résultats de la même forme. Théorèmes sur les modules.

Toutes les puissances de $\sqrt{-1}$ se réduisent à quatre valeurs différentes.

Si n est un nombre entier positif, le développement de $(a+b\sqrt{-1})^n$ est de la forme $A+B\sqrt{-1}$.

La racine carrée de $a+b\sqrt{-1}$ est une expression de la même forme.

Forme à laquelle on ramène toute équation algébrique à une seule inconnue. Comment on désigne le premier membre. Ce qu'on entend par équations incomplètes, et comment on rétablit les termes manquans. Ce qu'on entend par fonctions entières et rationnelles d'une variable.

Si le binôme $mx+n$ divise le produit de deux fonctions entières et rationnelles de x, il divise l'une de ces fonctions. Même théorème pour un produit de plusieurs fonctions.

Définition des dérivés de différens ordres. Comment on les désigne. Le polynôme X ou $f(x)$ à m dérivées dont la dernière est une quantité constante.

On remplace x par $x+y$ dans $f(x)$, et on demande la forme du développement ordonné par rapport aux puissances croissantes de l'une des deux indéterminées.

DE L'ÉLIMINATION.

Forme générale d'une équation à deux inconnues. Nombre des coefficiens indéterminés. Objet de l'élimination. Ce qu'on entend par équation finale.

Reconnaître si une valeur finie, nulle ou infinie, attribuée à l'une des inconnues, satisfait aux équations données.

Simplifications qu'on leur fait subir avant de leur appliquer le calcul de l'élimination.

Elimination par le procédé du commun diviseur. Exclusion des solutions étrangères. Formation de la véritable équation finale. Cause d'imperfection de la méthode. Cas d'impossibilité ou d'indétermination.

Théorème de M. Sarrus, au moyen duquel on peut toujours former la vraie équation finale.

Composer des équations qui conduisent à une équation finale donnée.

Élimination dans le cas d'un système de plusieurs équations entre plusieurs inconnues.

Résolution d'une équation compliquée de radicaux.

COMPOSITION ET TRANSFORMATION DES ÉQUATIONS.

Si a est racine de l'équation $f(x)=o$, $f(x)$ est divisible par $x—a$ et réciproquement.

Toute équation algébrique a au moins une racine de la forme $a+b\sqrt{—1}$.

Le polynôme algébrique $f(x)$ est décomposable entre m facteurs du premier degré de la forme $x—a$, $x—b$.... Cette décomposition n'est possible que d'une seule manière. L'équation $f(x)=o$ a m racines et n'en a que m. Ce qu'on entend par racines égales, racines doubles, triples, du degré n de multiplicité.

Relations qui existent entre les coefficiens et les racines. On ne peut s'en servir pour trouver les racines.

Composer des équations qui admettent des solutions données. Connaissant $m—1$ racines, trouver la m^{me}. Lorsque deux équations ont les mêmes racines, elles ont aussi les mêmes coefficiens.

Abaisser le degré d'une équation quand on connaît quelques unes de ses racines. Trouver le nombre des diviseurs du deuxième degré, du troisième, etc.. Trouver les racines communes à deux équations à une inconnue.

Changer les signes des racines d'une équation.

Augmenter ou diminuer les signes des racines d'une équation d'une quantité donnée. Manière simple et rapide de former les coefficiens de la transformée.

Transformer une équation en une autre qui manque d'un certain terme. Règle pour faire disparaître le second terme. Condition pour que le deuxième terme et le troisième disparaissent à la fois. Application de la transformation précédente à la résolution des équations du deuxième degré.

Multiplier ou diviser les racines d'une équation par une quantité donnée.

Transformer une équation à coefficiens fractionnaires en une autre qui n'ait plus de dénominateurs et dont le premier terme ait l'unité pour coefficient.

Former une équation qui ait pour racines toutes les différences qui existent entre les racines d'une équation donnée. L'équation aux différences est du degré m $(m-1)$. Elle ne renferme que des puissances paires de son inconnue. Formation de l'équation aux carrés des différences.

Equation aux sommes, équation aux produits, équation aux quotiens. Remarques sur les transformées.

ÉQUATIONS SUSCEPTIBLES D'ABAISSEMENT.

Trouver les diviseurs du deuxième, troisième degré d'une équation donnée.

Trouver les diviseurs du second degré de l'équation $x^3+px+q=o$. Remarque sur l'équation finale.

Trouver les diviseurs du second degré de l'équation $x^4+px^2+qx+r=o$. Remarque sur l'équation finale.

Objet de l'abaissement des équations. Condition pour qu'il puisse avoir lieu.

Trouver deux racines a et b de l'équation $f(x)=o$, sachant qu'elles satisfont à l'équation $\phi(a,b)=o$. Cas où la fonction ϕ est symétrique par rapport aux racines a et b. Cette fonction peut être la somme, la différence, le produit....etc., même question pour trois racines.

Sachant qu'une équation $f(x)=o$ a n racines qui forment une progression arithmétique ou géométrique dont la raison est connue, on propose de trouver ces racines. Cas où toutes les racines sont en progression.

Exprimer que l'équation $f(x)=o$ a deux racines égales et de signes contraires.

Toute racine du degré n de multiplicité, réduit à o $f(x)$ et ses dérivées successives jusqu'à celle de l'ordre $n-1$. Vérifier si une racine est double, triple, etc.

Le polynôme dérivé $f'(x)$ est égal à la somme des m quotiens qu'on obtient en dérivant $f(x)$ par chacun de ses facteurs du premier degré.

Lorsque l'équation $f(x)=o$ n'a pas de racines égales, il n'y a pas de diviseur commun entre $f(x)$ et $f'(x)$; lorsqu'elle a des racines égales $f(x)$ et $f'(x)$ ont un diviseur commun qui est est égal au produit des facteurs égaux de $f(x)$, élevés respectivement à une puissance moindre d'une unité que dans $f(x)$.

Une équation étant donnée, reconnaître si elle a des racines égales. Cas où le diviseur commun est du premier ou du second degré. Cas où $f'(x)$ divise exactement $f(x)$.

Décomposer une équation qui a des racines égales en d'autres équations dont toutes les racines soient inégales, et dont la première continnue les racines simples, la seconde les racines doubles etc.

Former l'équation qui contient tous les facteurs égaux et inégaux de la proposée, les facteurs égaux n'étant pris qu'une fois. Former deux équations dont l'une contienne les facteurs inégaux et l'autre les facteurs égaux pris une fois seulement.

Exprimer que les racines d'une équation sont toutes égales. Exprimer que n racines sont égales. Condition pour que ax^2+bx+c soit un carré. Condition pour que ax^3+bx^2+cx+d soit un cube.

Définition des équations réciproques.

Chercher les relations qui doivent exister entre les coefficiens d'une équation pour qu'elle soit réciproque. 1º Si l'équation est de degré impair, il faut et il suffit que les coefficiens des termes à égale distance des extrêmes soient égaux et de même signe, ou égaux et de signe contraire. 2º Si le degré de l'équation est pair, et si le terme du milieu ne manque pas, il faut et il suffit que les coefficiens des termes à égale distance des extrêmes soient égaux et de même signe; lorsque le terme du milieu manque, il faut et il suffit que les coefficiens des termes à égale distance des extrêmes soient égaux et de même signe ou égaux et de signe contraire.

Ramener la résolution d'une équation réciproque quelconque à la résolution d'une équation réciproque de degré pair, dans laquelle les coefficiens des termes également distans des extrêmes sont égaux et de même signe.

Pour résoudre les équations réciproques de cette dernière forme on pose $x+\frac{1}{x}=z$ et l'équation qui donne les valeurs de z est de degré moitié moindre que la proposée. Loi des expressions $x^2+\frac{1}{x^2}, x^3+\frac{1}{x^3}$, etc.

Définition des équations binômes. Forme à laquelle on les ramène. Ces équations n'ont jamais de racines égales.

Toute équation binôme de degré impair a une racine réelle et n'en a qu'une. Toute équation binôme de degré pair dont le dernier terme est négatif a deux racines réelles et n'en a que deux ; lorsque son dernier terme est positif, toutes ses racines sont imaginaires.

Résolution des équations binômes.

Un radical a autant de valeurs qu'il y a d'unités dans son indice. On a toutes les racines m^{mes} d'un nombre en multi-la m^{me} racine arithmétique de ce nombre par les m racines m^{mes} de l'unité. Trouver les m valeur de la racines m^{me} d'un polynôme.

Examen de quelques cas singuliers du calcul des radicaux.

Résolution et discussion des équations trinômes de la forme $x^{2m}+px^m+q=0$.

LIMITES DES RACINES,

RÈGLE DES SIGNES DE DESCARTES.

Trouver un nombre qui rende le premier terme d'une équation numériquement plus grand que la somme arithmétique de tous les autres termes et qui soit tel que tout nombre plus grand jouisse de la même propriété.

Etant donné un polynôme de la forme $ax^n+bx^{n+1}+cx^{n+2}\ldots +hx^m$, trouver une valeur d'$x$ assez petite pour que le premier terme soit numériquement plus grand que la somme de tous les autres termes, et telle que toute valeur moindre jouisse de la même propriété.

Si dans le polynôme $f(x)$ on fait varier x d'une manière continue, le polynôme variera d'une manière continue.

Lorsque deux nombres substitués dans $f(x)$ à la place de de l'inconnue donnent deux résultats de signe contraire, l'équation a au moins une racine réelle comprise entre ces deux nombres. En général, selon que les résultats des deux substitutions sont de même signe ou de signe contraire, on doit conclure que les nombres substitués comprennent un nombre pair ou un nombre impair de racines réelles de l'équation proposée. Définir ce qu'on entend par limites des racines.

Si du plus grand coefficient négatif d'une équation on extrait une racine d'un degré marqué par la différence entre le degré de l'équation et le degré du premier terme négatif, et qu'à cette racine on ajoute 1, la somme sera une limite supérieure des racines positives. (Le coefficient du premier terme est supposé égal à l'unité.) Trouver dans certains cas une limite supérieure plus simple.

Trouver une limite inférieure des racines positives. Trouver une limite supérieure et une limite inférieure des racines négatives.

Toute équation de degré impair a au moins une racine réelle de signe contraire à son dernier terme.

Toute équation de degré pair, dont le dernier terme est négatif, a au moins deux racines réelles, une positive et l'autre négative.

Les racines imaginaires d'une équation sont toujours en nombre pair. Lorsqu'une équation n'a que des racines imaginaires, on obtient toujours un résultat positif, quelque nombre qu'on y substitue à la place d'x.

Ce qu'on entend par variation et par permanence. Dans toute équation complète, le nombre des variations, plus le nombre des permanences, égale le degré de l'équation. Lorsqu'on change tous les signes de rang pair ou de rang impair, les variations deviennent des permanences et les permanences deviennent des variations.

Dans toute équation complète ou incomplète, le nombre des racines positives ne peut pas surpasser le nombre des variations.

Reconnaître combien une équation a au plus de racines négatives. Dans une équation complète, le nombre des racines négatives est au plus égal au nombre des permanences.

Lorsqu'une équation complète a toutes ses racines réelles, le nombre des racines positives est égal au nombre des variations, et le nombre des racines négatives est égal au nombre des permanences.

Comment on reconnaît qu'une équation incomplète a des racines imaginaires.

Une équation dont tous les termes sont positifs n'a pas de racines réelles positives. Une équation complète dont les signes sont alternativement $+$ et $-$ n'a point de racines réelles négatives.

RÉSOLUTION GÉNÉRALE DES ÉQUATIONS
ALGÉBRIQUES A UNE INCONNUE ET A COEFFICIENS NUMÉRIQUES.

Lorsque le premier terme d'une équation a pour coefficient l'unité et que les autres coefficiens sont entiers, cette équation ne peut avoir pour racines commensurables que des nombres entiers.

Trouver les conditions nécessaires et suffisantes pour qu'un nombre entier soit racine d'une équation.

Méthode pour trouver les racines entières d'une équation donnée. Méthode pour trouver les racines fractionnaires. Méthode pour trouver à la fois toutes les racines commensurables.

Oter d'une équation donnée toutes ses racines commensurables égales ou inégales.

Opération qui précède la recherche des racines incommensurables.

Méthode d'approximation de Newton pour les racines in-

commensurables. Causes d'incertitude de cette méthode. Vérification.

Méthode de Lagrange : 1° séparer les racines. Indications
de l'équation aux carrés des différences relativement aux racines imaginaires ; 2° déterminer chacune de ces racines avec
tel degré d'approximation qu'on voudra.

Théorème de M. Sturm : on suppose que l'équation $f(x)=o$
n'a pas de racines égales ; on applique à $f(x)$ et à $f'(x)$ le procédé du plus grand commun diviseur, en ayant soin de changer les signes de tous les termes de chaque reste, et on écrit
sur une ligne horizontale $f(x)$, $f'(x)$, et la série des restes
jusqu'au dernier qui est toujours une constante;

Cela posé : 1° il ne peut jamais arriver que deux fonctions
consécutives s'évanouissent pour une même valeur d'x, et
lorsqu'une fonction intermédiaire devient nulle, la fonction
qui la précède et celle qui la suit donnent des résultats de
signes différens ;

2° Lorsqu'une fonction intermédiaire s'évanouit, la suc-
cession des signes demeure la même ;

3° Lorsque $f(x)$ devient nul, il se perd une variation.

De là il suit que si on remplace dans la série des restes x
par a et ensuite par b, l'excès du nombre des variations de
la suite a, sur le nombre des variations de la suite b, indi-
quera combien l'équation $f(x)=o$ a de racines réelles comprises entre a et b.

Remarques. 1° Dans les divisions successives on peut multiplier et diviser les dividendes et les diviseurs par des nombres positifs; 2° on peut s'arrêter à la première fonction qu'on
sait ne pouvoir pas devenir nulle ; 3° cas des racines égales.

Usage du théorème précédent dans le calcul des racines.
Trouver les conditions pour que toutes les racines de l'équation soient réelles.

Recherche des racines imaginaires.

IV.

GÉOMÉTRIE ANALYTIQUE.

THÉORIE DES LIGNES TRIGONOMÉTRIQUES.

Définition de la trigonométrie. Sinus, cosinus, tangente, sécante, cotangente, cosécante, sinus verse et cosinus verse d'un arc. On supposera $R=1$; moyen de le rétablir.

Les lignes trigonométriques d'un même arc sont liées entre elles par les relations suivantes :

$$\sin^2 a + \cos^2 a = 1 \; ; \; \tan g\, a = \frac{\sin a}{\cos a} \; ; \; \cot a = \frac{\cos a}{\sin a} \; ; \; \sec a = \frac{1}{\cos a} \; ; \; \cos a = \frac{1}{\sin a}.$$

La considération des mêmes triangles conduit encore aux formules :

$$\sec^2 a = 1 + \tan g^2\, a \; ; \; \operatorname{cosec}^2 a = 1 + \cot^2 a \; ; \; \tan g\, a \cot a = 1.$$

Faire voir qu'elles se déduisent des précédentes. Moyen facile de déduire les valeurs de la cot. et de la cosec. des valeurs de la tang. et de la sec.

On a, pour l'expression du sinus et du cosinus d'un arc en fonction de sa tangente, les formules

$$\sin a = \frac{\tan g\, a}{\sqrt{1 + \tan g^2 a}} \; ; \; \cos a = \frac{1}{\sqrt{1 + \tan g^2 a}}.$$

Le sinus d'un arc est la moitié de la corde qui soutend un arc double.

Le sinus du tiers du quadrant est égal à la moitié du rayon. Déduire de là les autres lignes trigonométriques du même arc.

La tangente de la moitié du quadrant est égale au rayon. Déduire de là les autres lignes trigonométriques du même arc.

Extension des arcs à un nombre quelconque de circonfé

rences positives ou négatives. Marche progressive des lignes trigonométriques. Généralité des formules précédentes.

Trouver les arcs qui correspondent à une ligne trigonométrique donnée.

Démontrer les formules :
$$\sin (a \pm b) = \sin a \cos b + \sin b \cos a;$$
$$\cos (a \pm b) = \cos a \cos b \mp \sin a \sin b.$$

Faire voir qu'elles sont générales.

Démontrer les formules :
$$\sin 2a = 2 \sin a \cos a;$$
$$\cos 2a = \cos^2 a - \sin^2 a = 2 \cos^2 a - 1 = 1 - 2 \sin^2 a$$
$$\sin 3a = 3 \sin a - 4 \sin^3 a$$
$$\cos 3a = 4 \cos^3 a - 3 \cos a.$$

Démontrer aussi les formules qui donnent le sinus et le cosinus d'un arc quadruple, quintuple..., etc.

Trouver la tangente ou la cotangente de la somme ou de la différence de deux arcs, connaissant les tangentes ou les cotangentes de ces arcs.

Trouver la tangente ou la cotangente d'un arc double, triple, quadruple, etc.

Formules qui donnent le sinus et le cosinus de la moitié d'un arc en fonction, 1° du cosinus, 2° du sinus de cet arc. Même problème pour le sinus et le cosinus du tiers d'un arc. Discuter toutes ces formules.

Trouver la tangente et la cotangente de la moitié et du tiers d'un arc. Discuter.

Le rayon étant 1, si $a + b + c = 180°$ on a $\operatorname{tang} a + \operatorname{tang} b + \operatorname{tang} c = \operatorname{tang} a \operatorname{tang} b \operatorname{tang} c$.

Formules pour transformer en un produit une somme ou une différence de sinus, et réciproquement. Mêmes formules pour les cosinus.

La somme des sinus de deux arcs est à la différence de ces mêmes sinus comme la tangente de la demi-somme de ces deux arcs est à la tangente de leur demi-différence.

Tables trigonométriques ;

1° Si on calcule les sinus, cos. tang. cot, séc, cosec, les tables seront complètes à l'arc de 45°.

2° Dans le premier quadrant un arc est plus grand que son sinus et moindre que sa tangente.

3° Quand on fait décroître un arc jusqu'à o, le rapport du sinus à l'arc a l'unité pour limite.

4° L'erreur qu'on commet en prenant un petit arc pour son sinus est plus petite que le quart du cube de l'arc.

5° Déterminer le sinus et le cosinus du plus petit arc de la table ; et ensuite le sinus et le cosinus des arcs plus grands. Moyen de vérification. Déterminer les autres lignes trigonométriques.

6° Construire des tables qui renferment les logarithmes des lignes trigonométriques. Disposition et usage des tables.

RÉSOLUTION DES TRIANGLES RECTILIGNES.

Dans un triangle rectangle, chaque côté de l'angle droit est égal au produit de l'hypothénuse par le sinus de l'angle opposé ou par le cosinus de l'angle adjacent. Il est encore égal à l'autre côté multiplié par la tangente de l'angle opposé.

Dans tout triangle les sinus des angles sont proportionnels aux côtés opposés.

Dans tout triangle le carré d'un côté égale la somme des carrés des deux autres, moins le double produit de ces deux derniers côtés, par le cosinus de l'angle qu'ils comprennent.

Résoudre un triangle rectangle, connaissant : 1° l'hypothénuse et un angle ; 2° l'hypothénuse et un côté ; 3° un côté et un angle ; 4° les deux côtés.

Résoudre un triangle quelconque connaissant :

1° Deux angles et un côté ;

2° Deux côtés et l'angle opposé à l'un d'eux. Discussion. Chercher directement le côté inconnu, discuter la formule et la rendre calculable par logarithmes.

3° Deux côtés et l'angle compris. Chercher le troisième

côté directement et rendre la formule calculable par logarithmes.

4° Les trois côtés. Discussion des formules.

Démontrer par l'analyse que la connaissance des trois angles d'un triangle ne suffit pas pour calculer les côtés, mais que les rapports de ces côtés sont déterminés.

Trouver la surface d'un triangle, connaissant : 1° deux côtés et l'angle compris; 2° les trois côtés.

Evaluer une hauteur verticale, le pied étant accessible ou inaccessible.

Trouver la distance d'un point où l'on est placé à un objet visible mais inaccessible.

Trouver la distance de deux points inaccessibles, mais visibles.

Connaissant trois points sur un plan et les angles que forment entre elles les droites qui joignent ces points à un quatrième, déterminer ce quatrième point.

Trouver la surface d'un quadrilatère connaissant ses deux diagonales et l'angle qu'elles forment.

Etant donnés les quatre côtés d'un quadrilatère inscrit, trouver les diagonales, leur produit et leur rapport, la tangente de la moitié de l'un des angles et la surface du quadrilatère.

TRIGONOMÉTRIE SPÉHRIQUE.

1° Relation entre trois côtés et un angle, ou formule fondamentale. Démontrer sa généralité.

$$\cos \alpha = \cos \beta \cos \gamma + \sin \beta \sin \gamma \cos A.$$
$$\cos \beta = \cos \alpha \cos \gamma + \sin \alpha \sin \gamma \cos C.$$
$$\cos \gamma = \cos \alpha \cos \beta + \sin \alpha \sin \beta \cos C.$$

2° Relation entre trois angles et un côté.

$$\cos A = -\cos B \cos C + \sin B \sin C \cos \alpha.$$
$$\cos B = -\cos A \cos C + \sin A \sin B \cos \beta.$$
$$\cos C = -\cos A \cos B + \sin A \sin B \cos \gamma$$

3º Relation entre deux côtés et les angles opposés.

$$\frac{\sin A}{\sin \alpha} = \frac{\sin B}{\sin \epsilon} = \frac{\sin C}{\sin \gamma}$$

4° Relation entre deux côtés, l'angle compris, et l'angle opposé à l'un d'eux.

$$\cot \alpha \sin \epsilon = \cot A \sin C + \cos \epsilon \cos C.$$
$$\cot \alpha \sin \gamma = \cot A \sin B + \cos \gamma \cos B.$$
$$\cot \epsilon \sin \alpha = \cot B \sin C + \cos \alpha \cos C.$$
$$\cot \epsilon \sin \gamma = \cot B \sin A + \cos \gamma \cos A.$$
$$\cot \gamma \sin \alpha = \cot C \sin B + \cos \alpha \cos B.$$
$$\cot \gamma \sin \epsilon = \cot C \sin A + \cos \epsilon \cos A.$$

5º Analogies de Néper, ou relation entre les trois angles et deux côtés, ou entre les trois côtés et deux angles.

$$\text{Tang } \tfrac{1}{2}(A+B) = \cot \tfrac{1}{2}C \frac{\cos \tfrac{1}{2}(\alpha - \epsilon)}{\cos \tfrac{1}{2}(\alpha + \epsilon)}.$$

$$\text{Tang } \tfrac{1}{2}(A-B) = \cot \tfrac{1}{2}C \frac{\sin \tfrac{1}{2}(\alpha - \epsilon)}{\sin \tfrac{1}{2}(\alpha + \epsilon)}.$$

$$\text{Tang } \tfrac{1}{2}(\alpha + \epsilon) = \tang \tfrac{1}{2}\gamma \frac{\cos \tfrac{1}{2}(A - B)}{\cos \tfrac{1}{2}(A + B)}.$$

$$\text{Tang } \tfrac{1}{2}(\alpha - \epsilon) = \tang \tfrac{1}{2}\gamma \frac{\sin \tfrac{1}{2}(A - B)}{\sin \tfrac{1}{2}(A + B)}.$$

Formules relatives au triangle rectangle.

6º $\cos \alpha = \cos \epsilon \cos \gamma$.

7º $\cos \alpha = \cot B \cot C$.

8º $\cos \epsilon = \dfrac{\cos B}{\sin C}$; $\cos \gamma = \dfrac{\cos C}{\sin B}$.

9º $\sin B = \dfrac{\sin \epsilon}{\sin \alpha}$; $\sin C = \dfrac{\sin \gamma}{\sin \alpha}$.

10º $\cos B = \dfrac{\tang \gamma}{\tang \alpha}$; $\cos C = \dfrac{\tang \epsilon}{\tang \alpha}$.

11º $\tang B = \dfrac{\tang \epsilon}{\sin \gamma}$; $\tang C = \dfrac{\tang \gamma}{\sin \epsilon}$.

On déduit de la formule (6) que le nombre des côtés plus grands qu'un quadrant est toujours pair, de la formule (11) qu'un angle oblique est toujours de même espèce que le côté opposé.

Résolution des différens cas du triangle rectangle. Le seul cas où il y ait ambiguïté est celui où l'on donne un côté et l'angle opposé.

Connaissant les trois côtés d'un triangle sphérique, trouver les trois angles.

Connaissant les trois angles d'un triangle sphérique, trouver les trois côtés.

Résoudre un triangle sphérique, connaissant deux côtés et l'angle compris.

Résoudre un triangle sphérique connaissant deux angles et le côté compris.

Etant donnés deux côtés a, b et l'angle **A** opposé à l'un d'eux résoudre le triangle.

Résoudre un triangle sphérique connaissant deux angles **A** et **B** et le côté a opposé à l'un d'eux.

Examen des cas douteux.

Réduire un angle à l'horizon.

Trouver la distance de deux lieux dont on connaît les latitudes et les longitudes.

Exprimer le volume d'un parallélipipède en fonction de ses trois arêtes et des angles qu'elles font entre elles.

DÉFINITIONS ET PRINCIPES.

But de la géométrie analytique. Principe de l'homogénéité. Observation sur la construction des expressions algébriques. Règle pour mettre un problème de géométrie en équations. Règle des signes de Descartes. Manière de fixer la position d'un point sur une droite et sur un plan. Définition des coordonnées d'un point. Trouver un point tel que la somme des carrés de ses distances à deux points fixes soit égale à une surface donnée. Construction et discussion.

Discuter les équations suivantes :

$$yx^3=1; \; yx^2=1; \; y=\frac{x-2}{(x-1)\,(x-3)}; \; y=\sin x; \; y=\cos x,$$

$$y=\text{tang } x; \; y=\log x; \; y=a^x.$$

Ce qu'on entend par lieu géométrique, par équation d'une ligne, par courbes algébriques, et par courbes transcendantes.

Définition des asymptotes.

DE LA LIGNE DROITE ET DU CERCLE.

Toute droite parallèle à l'axe des x ou à l'axe des y est représentée par une équation de la forme $y=m$, ou $x=n$. La réciproque est vraie. Équations de l'axe des x et de l'axe des y.

Toute droite passant par l'origine est représentée par une équation de la forme $y=ax$, et réciproquement. Signification de a.

Une droite quelconque est représentée par une équation de la forme $y=ax+b$, et réciproquement. Signification des constantes. Forme que prend l'équation quand on y met en évidence les deux coordonnées à l'origine.

Moyen le plus simple de construire une droite dont on a l'équation. Toute équation du premier degré entre deux variables construit une ligne droite.

Connaissant les coordonnées de deux points, trouver leur distance, 1° les axes étant rectangulaires; 2° les axes étant obliques. Déduire de la première formule les formules fondamentales de la trigonométrie.

Trouver les coordonnées du point de rencontre de deux droites.

Etant donnée l'équation d'une ligne droite en coordonnées obliques, trouver la tangente de l'angle que fait cette droite avec l'axe des abscisses :

$$\text{Tang } \alpha = \frac{a \sin \theta}{1+a \cos \theta}.$$

Trouver l'équation d'une ligne droite passant par deux points donnés.

Trouver l'angle de deux droites et en déduire la condition pour que ces droites soient 1° parallèles, 2° perpendiculaires.

Tang $V = \dfrac{a-a'}{1+aa'}$ d'où 1° $a=a'$, 2° $a' = -\dfrac{1}{a}$. On peut obtenir directement ces deux dernières conditions. Même problème en coordonnées obliques.

Par un point donné mener une droite qui soit parallèle, ou perpendiculaire à une autre droite, ou qui fasse avec elle un angle connu.

Trouver la distance d'un point à une droite. $p = \dfrac{y'-ax'-b}{\pm\sqrt{1+a^2}}$ Interpréter le double signe. Même problème les axes étant obliques.

Théorèmes sur trois points remarquables des triangles.

Trouver l'équation générale du cercle en coordonnées rectangulaires. Discussion des coordonnées du centre.

Réciproquement toute équation en coordonnées rectangulaires de la forme $x^2+y^2+ax+by+c=o$, représente un cercle. Équation du cercle en coordonnées obliques.

Démontrer par l'analyse les propositions relatives aux lignes qui se coupent dans le cercle ou hors du cercle.

Faire passer un cercle par trois points donnés. Retrouver la construction élémentaire.

Déterminer les conditions pour que deux cercles se coupent, se touchent, ou n'aient aucun point commun. Discussion.

Déterminer les points d'intersection d'une droite et d'un cercle. Discussion. En déduire l'équation de la tangente menée par un point pris sur la courbe.

Trouver directement l'équation de la tangente menée par un point extérieur. En déduire le cas précédent.

Mener une tangente commune à deux cercles. Construire et discuter le résultat

EXEMPLES

DE LA RECHERCHE DES LIEUX GÉOMÉTRIQUES
D'APRÈS LEUR GÉNÉRATION.

Trouver un point tel que la différence des carrés de ses distances à deux points fixes soit constante.

Quelle est la courbe décrite par l'intersection de deux droites qui tournent autour de deux points fixes de manière à rester toujours perpendiculaires?

Quelle est la courbe décrite par l'intersection de deux droites qui tournent autour de deux points fixes, de manière à former un angle constant? On supposera l'angle droit, aigu ou obtus. On retrouvera la construction élémentaire.

Trouver le lieu géométrique des points d'un plan également éclairés par deux flambeaux.

Trouver le lieu des points tels que le rapport de leurs distances à deux points fixes soit constant.

Trouver l'équation de la conchoïde.

Trouver l'équation de la cissoïde.

Etant données deux circonférences égales tangentes extérieurement, on demande l'équation de la courbe décrite par leur point de contact initial, lorsque l'une de ces circonférences roule sur l'autre sans glisser.

Trouver l'équation de la cycloïde.

Du point A pris sur le cercle oA, on mène la sécante A B, sur laquelle on mène du centre o une perpendiculaire qui coupe le cercle en C. Du point C on abaisse la perpendiculaire CD sur le diamètre oA, et on demande le lieu des points où cette perpendiculaire coupe la sécante AB.

On a deux droites rectangulaires oX, oY; du point A pris sur la première on mène une sécante qui coupe la seconde en B; du point B comme centre et avec Bo pour rayon, on trace un cercle qui coupe la droite AB en deux points dont on de-

mande le lieu. On démontrera que cette deuxième génération est une conséquence de la précédente.

QUESTIONS FONDAMENTALES ;
DISCUSSION APPROFONDIE DES COURBES.

Objet de la transformation des coordonnées. On a pour les
formules générales :

$$x=a+\frac{x' \sin (\theta-\alpha)+y' \sin (\theta-\alpha')}{\sin \theta}, \quad y=b+\frac{x' \sin \alpha+y' \sin \alpha'}{\sin \theta}$$

Déduire de ces formules celles qui servent à passer , 1° d'un
système quelconque à un système parallèle ; 2° d'un système
rectangulaire à un système oblique ; 3° d'un système rectangulaire à un système rectangulaire ; 4° d'un système oblique
à un système rectangulaire. Trouver directement toutes ces
formules particulières. Toutes les équations d'une même ligne sont du même ordre

Ce qu'on entend par centres et par diamètres dans les courbes. Condition pour qu'une courbe ait le centre à l'origine
des coordonnées. Une courbe algébrique ne peut avoir qu'un
centre. Lorsque l'équation est de degré impair, le centre,
s'il y en a un, est toujours sur la courbe. Lorsqu'elle est de
degré pair, le centre peut être sur la courbe ou hors de la
courbe.

Reconnaître si une courbe algébrique a un centre, et trouver les coordonnées de ce point. Application à l'équation générale du deuxième degré ; condition. Dans les courbes du
deuxième degré un point est un centre lorsqu'il est le point
milieu de deux cordes.

Méthode générale pour trouver l'équation des diamètres
d'une courbe algébrique. Application à l'équation générale
du deuxième degré ; dans les courbes de cet ordre les diamètres sont des droites qui passent par le centre lorsque la courbe
en a un. Définition des diamètres conjugués. Pour que les
axes coordonnés soient diamètres conjugués dans l'équation du

deuxième degré, il faut qu'elle soit de la forme My^2+Nx^2 $=P$. L'origine est alors au centre.

Une droite ne peut rencontrer une courbe algébrique en plus de points qu'il n'y a d'unités dans le degré de l'équation de la courbe. Une courbe ne peut rencontrer une parallèle à l'axe des abscisses, et cet axe lui-même en plus de points qu'il n'y a d'unités dans le degré de la plus haute puissance de x dans l'équation de la courbe. Même théorème par rapport à l'axe des ordonnées.

Méthode générale des asymptotes rectilignes dans les courbes algébriques. Trouver et construire l'asymptote de la courbe $y^3-3\,axy+x^3=o$; construire aussi la courbe. Application à l'équation générale du deuxième degré ; condition. Exprimer qu'une droite est asymptote d'une courbe.

Ce qu'on entend par tangente, normale, soutangente et sounormale dans les courbes.

Trouver les équations de la tangente et de la normale à une courbe algébrique, en un point pris sur la courbe. Pour la tangente l'angle des coordonnées est indifférent, mais il n'en est pas de même pour la normale.

Expressions générales de la soutangente et de la sounormale.

Trouver l'équation d'une tangente ou d'une normale parallèle à une droite donnée, ou passant par un point extérieur donné.

Les asymptotes peuvent être considérées comme limites des tangentes.

Exprimer qu'une droite est tangente à une courbe. Deux méthodes.

Mener une tangente commune à deux courbes. (Ex. $y=x^3$, $y^2+x^2=1$).

Exprimer que deux courbes se touchent, ou ont une tangente commune.

Usage de la méthode des tangentes dans la recherche des maximums et des minimums des fonctions.

Discuter l'équation $y^2=x^5$. Chercher en combien de

points une droite quelconque peut couper la courbe. Discussion.

Ordre à suivre dans la discussion des courbes. Comment on reconnaît si une courbe est concave, convexe ou sinueuse Moyen de déterminer les points d'inflexion.

Déterminer la forme précise et rigoureuse des courbes représentées par les équations suivantes :

$$y^3 + x^3 = 1.$$
$$y = x^3 - x.$$
$$y = x^2 - x^4.$$
$$x^2 y + xy^2 = 1.$$
$$y^2 = x^2 - x^4. \quad \text{Lemniscate}$$
$$y^2 = x^3 - x^4.$$
$$x^3 - xy^2 = 1.$$
$$y^2 - x^2 y^2 = x^2.$$
$$(x^2 - 3)y = x^3 - 2x.$$
$$y^4 - 2x^2 y^2 - x^4 + 1 = 0.$$
$$y^4 - 96 y^2 - x^4 + 100 x^2 = 0.$$
$$x^2 y + 2 xy - x^2 + y = 0.$$
$$(y - x)^2 = 5 x^2 - 6 x - x^3.$$
$$(x^2 + 1)y = x^2 - 1.$$

DE L'ELLIPSE, DE L'HYPERBOLE ET DE LA PARABOLE;

OU DES SECTIONS CONIQUES

ET DES COURBES DU DEUXIÈME DEGRÈ.

Définition de l'Ellipse. Sa symétrie. Sa construction par points et d'un mouvement continu. Foyers. Rayons vecteurs. Axes. Sommets. Excentricité. Trouver l'équation de cette courbe et la discuter. Le grand axe est la plus grande ligne qu'on peut inscrire dans l'ellipse. Produit des distances de l'un des foyers aux sommets de la courbe. Valeur du paramètre ou de la double ordonnée qui passe par un des foyers. Détermination des foyers par leur propriété analytique. Rapport des carrés des ordonnées. Rapport de l'ordonnée de l'ellipse à l'ordonnée du cercle décrit sur le grand axe comme diamètre. Autres moyens de construire l'ellipse par points ou d'un mouvement continu. Trouver la projection d'un cercle sur un plan.

Définition de l'hyperbole. Sa symétrie. Sa construction par points et d'un mouvement continu. Foyers. Rayons vecteurs. Axe transverse. Axe non transverse. Sommets. Excentricité. Trouver et discuter l'équation de l'hyperbole. Détermination et construction des asymptotes. Hyperbole équilatère; son analogie avec le cercle qui est un cas particulier de l'ellipse. Convention sur l'axe non transverse. Passer de l'équation de l'ellipse à celle de l'hyperbole et réciproquement. Produit des distances de l'un des foyers aux sommets. Valeur du paramètre. Détermination des foyers par leur propriété analytique. Rapport des carrés des ordonnées.

Définition de la parabole. Sa symétrie. Construction de cette courbe par points et d'un mouvement continu. Foyer, axe et sommet. Trouver et discuter l'équation de la parabole. Elle n'a pas de centre. Autre manière de décrire la parabole par points. Valeur de la double ordonnée qui passe par le foyer. Détermination du foyer par sa propriété analytique. Rapport des carrés des ordonnées. La parabole n'a pas d'asymptotes.

En coordonnées rectangulaires et en plaçant l'origine à un sommet, l'équation $y^2 = 2px + qx^2$ peut représenter une ellipse une hyperbole ou une parabole. La parabole peut être regardée comme une ellipse dont le grand axe est infini, ou comme une hyperbole dont l'axe transverse est infini. Définir et déterminer les directrices dans l'ellipse et dans l'hyperbole.

Etant donnés un point et une droite fixes, on demande l'équation d'une courbe telle que la distance de chacun de ses points au point fixe soit à la distance de ce même point à la droite fixe comme $m : n$. La courbe est une parabole, une ellipse ou une hyperbole selon qu'on a $m = n$, $m < n$, $m > n$. Trouver tous les élémens de la courbe dans les deux derniers cas.

Trouver l'équation de la courbe d'intersection d'un cylindre circulaire droit et d'un plan. La courbe est une ellipse dont le petit axe est égal au diamètre du cylindre. Placer sur un cylindre donné, une ellipse donnée.

Trouver l'équation de la courbe d'intersection d'un cône circulaire droit et d'un plan. Position que l'on doit donner au plan coupant pour obtenir une ellipse, une parabole ou une hyperbole. Déterminer dans le cas de l'ellipse les axes, les foyers et les directrices. Placer une ellipse donnée sur un cône donné. Déterminer dans le cas de la parabole l'axe, le foyer et la directrice. Placer une parabole donnée sur un cône donné.— Déterminer dans le cas de l'hyperbole les axes, les foyers, les directrices et les asymptotes. Pour qu'une hyperbole donnée puisse être placée sur un cône droit, il faut et il suffit que l'angle au sommet du cône soit au moins égal à celui des asymptotes.

Trouver l'équation d'un cône circulaire oblique et d'un plan. Discussion. Toute section faite dans un cône circulaire oblique parallèlement à la base est un cercle. On peut aussi obtenir des sections circulaires par une autre direction du plan sécant; ces sections se nomment *anti-parallèles* ou *sous contraires*.— Mêmes questions pour le cylindre circulaire oblique.

L'ellipse, l'hyperbole et la parabole sont les seules courbes que puisse représenter l'équation générale du deuxième degré $Ay^2 + Bxy + Cx^2 + Dy + Ex + F = O$. Démonstration : Si l'on a $B^2 - 4AC \gtrless O$, c'est-à-dire si la courbe à un centre, en y transportant l'origine on fera disparaître les termes du premier degré; puis on chassera le terme Bxy, en changeant la direction des axes. Alors l'équation se présentera sous la forme $My^2 + Nx^2 = P$, ou sous la forme $My^2 - Nx^2 = P$, suivant qu'on aura $B^2 - 4AC < O$, ou $B^2 - 4AC > O$. Dans le premier cas la courbe est une ellipse, dans le second une hyperbole. Lorsqu'on a $B^8 - 4AC = O$, ou que la courbe n'a pas de centre, en changeant la direction des axes, on fait disparaître les termes en xy et en x^2; puis en déplaçant l'origine on chasse le terme en y et le terme tout connu. L'équation est alors de la forme $y^2 = Qx$ et elle représente nécessairement une parabole. Variétés que l'on rencontre dans le cours de la discussion.

Une hyperbole étant rapportée à un système quelconque d'axes rectangulaires, trouver l'équation de la même courbe rapportée à ses asymptotes. (Deux cas.)

Discussion directe de l'équation générale du deuxième degré. On trouve trois genres de courbes. Discussion spéciale de chacun d'eux. Examen du cas où l'équation manque : 1° du carré d'une des variables et de leur produit ; 2° de y^2 ou de x^2 ou de l'un et de l'autre à la fois. Conditions pour que l'équation représente un système de deux lignes droites.

PROPRIÉTÉS DES SECTIONS CONIQUES
RELATIVES AUX TANGENTES.

Parabole : Équation de la tangente et de la normale menées par un point pris sur la courbe. Valeur de la soutangente et de la sounormale. Equations de la tangente et de la normale menées parallèlement à une droite donnée. Tangente menée par un point extérieur ; usage des lieux géométriques pour construire graphiquement la tangente ; théorème auquel on est conduit ; réciproque. Normale par un point quelconque ; lieux géométriques. La tangente fait des angles égaux avec l'axe et avec le rayon vecteur qui aboutit au point de contact. Construire graphiquement une tangente à la parabole : 1° par un point donné sur la courbe, 2° par un point extérieur. Lieu géométrique des pieds des perpendiculaires abaissées du foyer sur les tangentes. Lieu des sommets d'un angle droit qui se meut de manière que ses côtés restent toujours tangents à une parabole. Propriété de la corde qui passe par les points de contact. Lieu des projections du sommet d'une parabole sur ses tangentes.

Cercle : Equations de la tangente et de la normale menées par un point pris sur la courbe. Valeur de la soutangente et de la sounormale. Equations de la tangente et de la normale menées parallèlement à une ligne donnée. Mener une tangente au cercle par un point extérieur; construire les points de contact sans connaître leurs coordonnées; théorème auquel on est conduit; réciproque; retrouver la construction élémencaire. Normale menée par un point quelconque.

Ellipse : Equations de la tangente et de la normale menées par un point pris sur la courbe. Valeur de la soutangente et de la sounormale. Equations de la tangente et de la normale menées parallèlement à une droite donnée. Equation de la tangente menée par un point extérieur; construire les points de contact sans connaître leurs coordonnées; théorème auquel on est conduit; réciproque. Equation de la normale menée par un point quelconque; usage des lieux géométriques. Les rayons vecteurs menés au point de contact font avec la tangente des angles égaux. La normale divise en deux parties égales l'angle des rayons vecteurs. Construire une tangente à l'ellipse passant par un point donné sur la courbe ou hors de la courbe. Lieu géométrique des pieds des perpendiculaires abaissées de l'un des foyers sur les tangentes. Trouver le le lieu des sommets d'un angle droit dont les côtés restent toujours tangents à une ellipse.

Hyperbole : Equations de la tangente et de la normale à l'hyperbole menées par un point pris sur la courbe. Valeur de la soutangente et de la sounormale. Equations de la tangente et de la normale menées parallèlement à une droite donnée. Equation de la tangente menée par un point extérieur ; construire les points de contact sans connaître leurs coordonnées; théorème auquel on est conduit; réciproque. Equation de la normale menée par un point quelconque; construction par les lieux géométriques. Construction des limites des tangentes. Les rayons vecteurs menés au point de contact, font avec la tangente de différens côtés de cette ligne des angles égaux. Construire au moyen des rayons vecteurs une tangente à l'hyperbole, 1º par un point pris sur la courbe, 2º par un point extérieur. Lieu géométrique des pieds des perpendi-

culaires abaissées de l'un des foyers sur les tangentes. Trouver la courbe décrite par le sommet d'un angle droit dont
les côtés sont toujours tangens à une hyperbole. L'hyperbole
étant rapportée à ses asymptotes, trouver les équations d'une
sécante et d'une tangente à cette courbe. Les portions d'une
sécante comprise entre les asymptotes et un point de la
courbe sont égales. Construire une hyperbole connaissant un
point et les asymptotes. Former l'équation de la courbe en
partant de cette génération. La portion de tangente comprise
entre les asymptotes, a son point milieu au point de contact.
Construire une tangente en un point de l'hyperbole connaissant ses asymptotes.

Théorèmes généraux : Le produit des perpendiculaires abaissées des deux foyers d'une ellipse ou d'une hyperbole sur une
tangente quelconque, est égal au carré du demi-axe qui ne contient pas les foyers. Si d'un point quelconque, d'une directrice, on mène deux tangentes à une courbe du second degré,
et qu'on abaisse du même point une perpendiculaire sur la
droite qui joint les points de contact, la rencontre de ces
deux dernières droites aura lieu au foyer de la courbe voisin
de la directrice. Dans toutes les courbes du deuxième degré,
la projection de la normale sur un rayon vecteur est une
quantité constante.

PROPRIÉTÉS DES SECTIONS CONIQUES
RELATIVES AUX DIAMÈTRES.

Parabole : Les diamètres de la parabole sont des droites
parallèles à l'axe principal. La réciproque est vraie. La tangente menée à l'extrémité d'un diamètre est parallèle aux cordes que ce diamètre divise en deux parties égales. Equation
de la parabole rapportée à ses diamètres. Valeur du paramètre. Ces axes sont les seuls par rapport auxquels l'équation
de la parabole conserve la forme $y^2 = 2\,px$. Tangente menée
par un point extérieur. Généralisation d'un théorème précédent, et de la réciproque. Construire une parabole connais-

sant le paramètre d'un diamètre et l'inclinaison des ordonnées.

Ellipse: Les diamètres de l'ellipse sont des droites qui passent par le centre. La réciproque est vraie. Cordes supplémentaires ; relation qui existe entre leurs directions ; cas du cercle ; construire une tangente à l'ellipse passant par un point pris sur la courbe ou parallèle à une droite donnée. Déterminer les limites de l'angle formé par deux diamètres conjugués, ou par deux cordes supplémentaires. Touver l'équation de l'ellipse rapportée à un système de diamètres conjugués ; système de diamètres conjugués égaux. Démontrer les relations $ab = a'b' \sin(\alpha' - \alpha)$, $a^2 + b^2 = a'^2 + b'^2$. Revenir de l'équation aux diamètres conjugués à l'équation aux axes, et démontrer de nouveau les deux théorèmes qui précèdent. Tangente menée par un point extérieur, généralisation d'un théorème précédent et de la réciproque. Construire une ellipse, connaissant deux diamètres conjugués et l'angle qu'ils forment.

Hyperbole: Les diamètres de l'hyperbole sont des droites qui passent par le centre. La réciproque est vraie. Relation qui existe entre les directions de deux cordes supplémentaires; cas de l'hyperbole équilatère. Mener une tangente à l'hyperbole, 1° par un point pris sur la courbe, 2° parallèlement à une droite donnée. Condition pour que ce dernier problème soit possible. Trouver l'équation de l'hyperbole rapportée à ses diamètres conjugués. Démontrer les relations : $ab = a'b' \sin(\alpha' - \alpha)$; $a^2 - b^2 = a'^2 - b'^2$. Dans l'hyperbole équilatère tous les diamètres conjugués sont égaux, et dans l'hyperbole ordinaire ils sont tous inégaux. Revenir de l'équation aux diamètres conjugués à l'équation aux axes; démontrer de nouveau les théorèmes qui précèdent. Tangente menée par un point extérieur; généralisation d'un théorème précédent. Construire une hyperbole connaissant deux diamètres conjugués et l'angle qu'ils forment. Les asymptotes coïncident avec les diagonales du parallélogramme construit sur un système quelconque de diamètres conjugués. La portion de tangente comprise entre les asymptotes représente en grandeur et en direction le diamètre conjugué de celui qui passe par le point de contact. Trouver deux diamètres conjugués connaissant la direction de l'un d'eux, les asymptotes et un point de la courbe. L'aire du parallélogramme formé par les asymptotes de l'hyperbole et par les parallèles à ces lignes menées d'un point quelconque de la courbe, est constante et égale à la huitième partie du rectangle des axes.

DIVERS PROBLÈMES.

Etant donné un arc quelconque d'une courbe du second degré, reconnaître s'il appartient à une parabole, à une ellipse, ou à une hyperbole, et déterminer graphiquement tous ses élémens géométriques.

Une droite se meut de manière que deux de ses points soient constamment situés sur les côtés d'un angle donné, on demande l'équation de la courbe décrite par un troisième point pris sur cette droite. (Deux cas.)

Trouver le lieu des intersections de deux tangentes à une ellipse ou à une hyperbole, qui se meuvent de manière à être toujours parallèles à un système de diamètres conjugués.

Etant donnée l'équation générale en coordonnées rectangulaires d'une courbe du second degré, trouver ses foyers et ses directrices. Relation qu'on a dans le cas de la parabole. Exprimer qu'un point donné est un foyer. Equation relative à la parabole.

Démonstration synthétique d'une utile propriété commune aux trois courbes du deuxième degré, relative au foyer et à la directrice.

Etant donnée l'équation la plus générale ou une équation particulière d'une courbe quelconque, préciser le nombre des conditions nécessaires pour déterminer cette courbe. Exemples pris dans les courbes précédemment étudiées.

Faire passer une section conique par cinq points donnés. Cas de la parabole.

Trois droites et un point étant donnés sur un plan, trouver

une courbe du deuxième degré tangente à ces trois droites et qui ait pour foyer le point donné. Deux tangentes et le foyer suffisent pour la parabole.

Détermination graphique et analytique d'une parabole, connaissant son foyer et deux points, ou bien sa directrice et deux points.

Détermination graphique et analytique d'une ellipse ou d'une hyperbole, connaissant un foyer et trois points, ou bien une directrice et trois points.

Détermination graphique et analytique d'une hyperbole, connaissant une asymptote et trois points.

Détermination graphique et analytique d'une hyperbole, connaissant un point, un sommet et une asymptote.

Trouver le lieu des sommets d'une hyperbole, connaissant une asymptote et un foyer. Construire la courbe par points en se donnant le centre, et partir de cette construction pour déterminer l'équation de la courbe.

Trouver le lieu des foyers des paraboles qui ont même directrice et une tangente commune ou bien un point commun.

Etant données une infinité de paraboles ayant même axe et même sommet, on mène d'un point fixe des normales à chacune d'elles, et on demande le lieu des pieds de toutes ces normales.

Construction des équations à une seule inconnue. Trouver deux moyennes proportionnelles entre deux droites. Trouver un cube double d'un cube donné. Diviser un angle en trois parties égales.

Soit $f(x)=o$, une équation algébrique du degré m. On propose de discuter l'équation $y=f(x)$, et de démontrer par la géométrie les théorèmes connus sur l'existence des racines réelles. On demande aussi la représentation géométrique de la règle d'approximation de Newton, et pourquoi cette règle est quelquefois incertaine.

SIMILITUDE. QUADRATURE. ÉQUATIONS POLAIRES.

Courbes semblables, centre et rapport de similitude. Équation générale des courbes semblables à une courbe donnée. Deux paraboles sont toujours semblables. Condition pour que deux ellipses ou deux hyperboles soient semblables.

Trouver la surface de l'ellipse en fonction des axes ou en fonction des diamètres conjugués. *Idem* pour une partie de l'ellipse. Quadrature de la parabole.

Définition des coordonnées polaires et des équations polaires. Discussion de la spirale de Conon ou d'Archimède $\rho = a\omega$, de la spirale hyperbolique $\omega\rho = a^2$, et de la spirale logarithmique $\rho = a^\omega$. Asymptotes.

Trouver les équations polaires de la ligne droite et du cercle.

Déterminer, en partant de leur propriété focale, et discuter les équations polaires de l'ellipse, de l'hyperbole et de la parabole; l'un des foyers étant pris pour pôle, et l'axe des abscisses étant pris pour ligne fixe.

Formules propres à passer d'un système quelconque de coordonnées rectilignes à un système de coordonnées polaires. Cas particuliers. Application de ces formules à la recherche des équations polaires de la ligne droite, du cercle, de la parabole, de l'ellipse et de l'hyperbole.

Discuter les équations suivantes :
$$\rho = \sin 2\omega \; ; \quad \rho = a \cos 3\omega \; ; \quad \rho = 1 + \cos \omega + \cos 2\omega.$$

Trouver la courbe décrite par le foyer d'une parabole qui se meut de manière à rester toujours tangente aux deux côtés d'un angle droit.

Un demi-cercle se meut de manière que ses extrémités restent toujours sur les côtés d'un angle droit; une droite tourne autour du sommet de l'angle de manière à rester toujours perpendiculaire sur le diamètre. On demande le lieu des points d'intersection de cette droite et de la demi-circonférence.

Trouver directement l'équation polaire de la cissoïde et celle de la conchoïde.

Une équation rectiligne algébrique, étant transformée en coordonnées polaires, ne contient que les lignes trigonométriques de l'arc ω. La réciproque est vraie. Quand une équation polaire contient l'arc ω lui-même, la courbe est transcendante.

DE LA LIGNE DROITE ET DU PLAN.

Définition des coordonnées d'un point dans l'espace. Un point étant donné en coordonnées rectangulaires, trouver sa distance à l'origine. Trouver dans le même système l'équation d'une sphère dont le centre est à l'origine.

Connaissant deux points en coordonnées rectangulaires, trouver leur distance. Equation d'une sphère quelconque en coordonnées rectangles.

Toute équation entre trois variables représente une surface. Toute équation entre deux variables représente une surface cylindrique.

Tout système de deux équations entre trois variables détermine une courbe.

Toute équation à une seule variable représente un ou plusieurs plans. Equations des plans coordonnés. Equation d'un plan parallèle à l'un des plans coordonnés. Equation d'un plan parallèle à l'un des axes.

Equation d'un plan quelconque. Toute équation du premier degré entre trois variables représente un plan.

Equations des axes. Equations d'une parallèle à l'un des axes. Equations d'une droite quelconque.

Trouver les traces d'une ligne droite.

Trouver les équations d'une ligne droite passant par un point donné; passant par un point donné et parallèle à une droite donnée; passant par deux points donnés.

Trouver le point de rencontre de deux droites données. Equation de condition qui exprime que les deux droites sont situées dans le même plan.

Trouver les angles que forme une droite avec trois axes

rectangulaires et la relation qui existe entre ces trois angles.

Mener par un point donné une droite qui fasse des angles donnés avec trois axes rectangulaires.

Trouver l'angle de deux droites en fonction des angles qu'elles ferment avec les axes ou en fonction des constantes qui entrent dans leurs équations. Condition pour que les droites soient parallèles ou perpendiculaires. (On suppose ici les axes rectangulaires.)

Etant donnée l'équation d'un plan, trouver ses traces et les points où il coupe les axes coordonnés. Forme symétrique de l'équation d'un plan.

Trouver l'équation d'un plan passant par un, deux ou trois points donnés.

Trouver les conditions pour qu'une droite soit parallèle à un plan donné, et pour que deux plans soient parallèles.

Trouver les conditions en coordonnées rectangles pour qu'une droite soit perpendiculaire à un plan donné, et pour que deux plans soient perpendiculaires.

Trouver les angles formés par un plan donné, avec trois plans coordonnés rectangulaires. Relation qui existe entre ces trois angles.

Trouver l'angle de deux plans en coordonnées rectangulaires.

Trouver l'angle d'une droite et d'un plan ; la distance d'un point à un plan ; la distance d'un point à une droite ; et la plus courte distance de deux droites, dans un système de coordonnées rectangulaires.

THÉORÈMES SUR LES PROJECTIONS.
TRANSFORMATION DES COORDONNÉES.

Trouver la projection d'une ligne droite sur un axe quelconque. Le carré d'une ligne dans l'espace est égal à la somme des carrés de ses projections sur trois axes rectangulaires. Projection d'un contour polygonal sur un axe quelconque.

La projection d'une aire plane sur un plan est le produit de cette aire par le cosinus de l'angle des deux plans. Le carré d'une aire plane est égal à la somme des carrés de ses projections sur trois plans rectangulaires. Expression de la projection d'un cercle sur un plan.

Passer d'un système de coordonnées rectilignes à un système parallèle.

Passer d'un système de coordonnées rectangulaires, 1° à un système oblique ; 2° à un autre système rectangulaire.

Trouver, directement et par une transformation d'axes, la distance de deux points en fonction de leurs coordonnées obliques.

Formules pour obtenir l'équation d'une section plane faite dans une surface.

Formules d'Euler pour passer d'un système rectangulaire à un autre système rectangulaire.

SURFACES DU SECOND ORDRE.

Définition du centre dans les surfaces. Condition pour que l'origine soit un centre. Reconnaître si une surface algébrique admet un centre. Application aux surfaces du second ordre.

Évanouissement des trois rectangles dans l'équation générale du second degré entre trois variables, au moyen des angles φ, θ et ψ.

Réduction de l'équation précédente à l'une des deux formes
$$Px^2 + P'y^2 + P''z = H ;$$
$$P'y^2 + P''z^2 = Qx.$$

Dans le premier cas, les surfaces ont un centre ; dans le deuxième, elles n'en ont pas.

Discussion des surfaces du second ordre qui ont un centre, c'est-à-dire de l'ellipsoïde, de l'hyperboloïde à une nappe et de l'hyperboloïde à deux nappes. Cas particuliers. Cône asymptote.

Discussion des surfaces qui n'ont pas de centre ou du paraboloïde elliptique, et du paraboloïde hyperbolique.

EXEMPLES DE LIEUX GÉOMÉTRIQUES.

Trouver l'équation des surfaces cylindriques. Application aux cas où la directrice est un cercle, une ellipse, une ligne droite, etc.

Trouver l'équation des surfaces coniques. Application aux cas où la directrice est une ligne droite, ou un cercle, etc.

Trouver l'équation des surfaces de révolution. Application au cône circulaire droit, au paraboloïde, à l'ellipsoïde, et à l'hyperboloïde de révolution.

V.

STATIQUE.

COMPOSITION DES FORCES
APPLIQUÉES A UN MÊME POINT MATÉRIEL.

Définition des mots inertie, force, équilibre, statique. Ce qu'on nomme forces égales ; force double, triple ; forces commensurables ou incommensurables. Il y a trois choses à distinguer dans une force ; manière de les représenter.

L'effet d'une force n'est pas changé, en quelque point de sa direction qu'on la suppose appliquée.

Trouver la résultante de plusieurs forces qui agissent suivant la même ligne droite.

Deux forces appliquées à un même point et dont les directions forment un angle ne sauraient se faire équilibre. Elles ont une résultante dirigée dans l'angle des composantes. Quand les composantes sont égales, la résultante est dirigée suivant la bissectrice de leur angle. Lorsqu'une composante augmente, la résultante s'en rapproche.

Quatre forces égales se font équilibre lorsqu'on les applique à deux sommets opposés d'un losange et qu'on les dirige suivant les quatre côtés de ce losange.

La résultante de deux forces appliquées sous un angle quelconque à un même point matériel, est représentée en direction et en grandeur, par la diagonale du parallélogramme construit sur les droites qui représentent ces forces en direction et en grandeur.

Quand on a deux forces qui concourent et leur résultante, chacune d'elles peut être représentée par le sinus de l'angle formé par les deux autres. Connaissant les directions des trois forces et l'intensité de la résultante, déterminer graphiquement et par le calcul les intensités des composantes. Examiner le cas où les directions des composantes sont rectangulaires. Remarque générale sur les divers problèmes qu'on peut proposer.

La résultante de trois forces appliquées à un même point, et non dirigées dans le même plan, est représentée en grandeur et en direction par la diagonale du parallélipipède construit sur les droites qui représentent ces forces en direction et en grandeur.

Décomposer une force en trois autres dont les directions données rencontrent la première en un même point. Trouver les mêmes composantes par le calcul, en supposant leurs directions rectangulaires. Trouver l'équation qui lie les trois angles que fait une droite avec trois axes rectangulaires.

Déterminer graphiquement et par le calcul la résultante d'un nombre quelconque de forces appliquées à un même point matériel.

COMPOSITION DES FORCES PARALLÈLES.

Deux forces parallèles, de même sens, appliquées aux extrémités d'une droite rigide, ont une résultante parallèle à leur direction, égale à leur somme et partageant la droite qui joint les points d'application des composantes en parties réciproquement proportionnelles à ces forces. Chacune des trois forces peut être représentée par la distance des points d'application des deux autres. Les trois forces et les trois distances forment six quantités sur lesquelles on peut en trouver trois quand les trois autres sont données, excepté dans deux cas où l'on ne peut déterminer que des rapports. Résoudre ces divers problèmes. Déduire le théorème actuel du parallélogramme des forces.

Deux forces parallèles, de sens contraire, inégales, appliquées aux extrémités d'une droite rigide, ont une résultante parallèle à leur direction, égale à leur différence, tirant du côté de la plus grande, et rencontrant la droite qui joint leurs points d'application en un troisième point dont les distances aux deux premiers sont réciproquement proportionnelles aux composantes. Chacune des trois forces peut être représentée par la distance des points d'application des deux autres. Connaissant trois des six quantités, trouver les trois autres. Déduire le théorème actuel de la règle du parallélogramme des forces.

Deux forces parallèles, égales, de sens contraire, et non directement opposées, n'ont pas de résultante.

Trouver la résultante d'un nombre quelconque de forces parallèles par une construction graphique. Définition du centre du système. Valeur algébrique de la résultante.

Définition du moment d'une force par rapport à un plan quelconque. Remarque sur les signes. Dans tout système de forces parallèles, le moment de la résultante par rapport à un plan, est égal à la somme algébrique des momens des composantes par rapport au même plan.

Trouver les coordonnées du centre d'un système de forces parallèles. Quand les points d'application des composantes sont dans un même plan ou sur une même droite, le centre est aussi dans ce plan ou sur cette droite.

DES CENTRES DE GRAVITÉ.

Définition de la pesanteur; sa direction. En statique on peut regarder la pesanteur comme une force constante qui agit suivant des droites parallèles. Définition du poids et du centre de gravité d'un corps. Distance du centre de gravité à un plan quelconque.

Etant donné un système de corps dont on connaît les centres de gravité et les poids respectifs, trouver le centre de gravité du système graphiquement et par le calcul.

Dans toute figure symétrique par rapport à un point, le centre de gravité coïncide avec le centre de symétrie. De là on déduit la position du centre de gravité d'une ligne droite, d'un cercle, d'une sphère, d'un parallélogramme, d'un cylindre, d'un prisme, etc.

Trouver le centre de gravité d'un contour polygonal. Cas du contour d'un triangle.

Trouver le centre de gravité d'un triangle, d'un trapèze, d'un polygone. Si trois masses égales ont leurs centres de gravité aux trois sommets d'un triangle, le centre de gravité de ces trois corps sera le même que celui du triangle. Distance du centre de gravité d'un triangle à un plan quelconque.

Trouver le centre de gravité d'une pyramide triangulaire, d'un polyèdre et d'un assemblage de polyèdres. Si quatre masses égales ont leurs centres de gravité aux quatre sommets d'une pyramide triangulaire, le centre de gravité du système est le même que celui de la pyramide. Distance de ce point à un plan quelconque.

Touver le centre de gravité d'une pyramide polygonale, d'un tronc de pyramide à bases parallèles, et d'un tronc de cône.

THÉORIE DES COUPLES.

COMPOSITION GÉNÉRALE DES FORCES.

Définition d'un couple, de son bras de levier et de son mo·ment. Effet d'un couple.

Un couple peut être transporté portout où l'on veut dans son plan ou dans un plan parallèle et tourné comme on veut sans que son effet change.

Lorsque deux couples ont leurs momens égaux, leur effet est le même, pourvu qu'ils agissent dans le même sens et dans le même plan ou dans des plans parallèles.

Deux couples qui ont même bras de levier, sont entre eux comme leurs forces. Deux couples quelconques sont entre eux comme leurs momens. Quand les forces sont égales les couples sont entre eux comme les bras du levier. L'énergie d'un couple est mesurée par son moment.

Composer en un seul, tant de couples que l'on voudra, situés dans le même plan ou dans des plans parallèles. Energie du couple résultant.

Composer deux couples situés comme on voudra dans deux plans qui se coupent. Energie du couple résultant. Composition d'un nombre quelconque de couples.

Définition du moment linéaire d'un couple. Si les côtés contigus d'un parallélogramme représentent les momens linéaires de deux couples, la diagonale de ce parallélogramme représentera le moment linéaire du couple résultant.—Parallélipipède des couples.

Décomposer un couple en deux autres situés dans deux plans donnés, et coupant le premier plan suivant la même ligne droite ou suivant des droites parallèles.

Tant de forces que l'on voudra, appliquées à un même corps, peuvent toujours se réduire à une force et à un couple. Condition d'équilibre. Cas particuliers où l'on donne un point ou un axe fixes. Si l'équilibre n'a pas lieu, il faut et il suffit, pour qu'il y ait une résultante unique, que la force soit parallèle au plan du couple. Trouver cette résultante. Quand la condition qui précède n'est pas remplie, les trois forces peuvent se réduire d'une infinité de manières à deux non situées dans le même plan. Deux forces non situées dans un même plan, ne peuvent pas avoir de résultante unique.

DES MACHINES.

Ce qu'on entend par *machine*, par *machine simple* et par *machine composée*.

Définition du *levier*. Ses conditions d'équilibre sont : que les forces soient dans un même plan avec le point d'appui, qu'elles tendent à faire tourner en sens contraires, et que leurs momens par rapport au point d'appui soient égaux. Charge du point d'appui. Examen du cas où le levier est droit et où les forces sont parallèles. Distinction des trois genres de levier. Conditions générales de l'équilibre du levier lorsqu'il est sollicité par un nombre quelconque de forces dirigées dans un même plan ou arbitrairement dans l'espace. Charge du point d'appui. Comment on fait entrer en considération le poids du levier. Modification de la loi de l'équilibre pour le cas où le levier ne fait que poser sur l'appui.

Définition de la *balance ordinaire*. Il faut et il suffit, pour qu'elle soit juste, que le centre de gravité tombe dans la verticale qui passe par le point d'appui, et que le point d'appui divise le fléau en deux parties parfaitement égales. Rectifier la balance quand le centre de gravité n'est pas bien placé. Reconnaître si le point d'appui divise le fléau en deux parties égales, et quand cela n'a pas lieu obtenir le poids d'un corps par une double pesée.

Définition et graduation de la *romaine*.

Définition du *peson*. Construction du limbe qui donne la mesure des poids.

Définition de la *poulie*. Condition d'équilibre et charge du centre. L'une des forces est à la charge du centre comme le rayon de la poulie est à la soutendante de l'arc embrassé par la corde. Condition d'équilibre de la *poulie mobile*. Cas le plus favorable à la puissance. Cas où la puissance est égale à la résistance.

Définition et condition d'équilibre du *tour*. Pression des appuis en ayant égard au poids de la machine. Modification apportée à la condition de l'équilibre par l'épaisseur des cordes. Examen du cas où le tour serait sollicité par un nombre quelconque de forces dirigées à volonté. Pression des appuis.

Définition du *plan incliné*. Condition d'équilibre d'un point matériel pressé sur une surface quelconque. Pour l'équilibre d'un corps qui s'appuie sur un plan par un seul point il faut que toutes les forces appliquées aient une résultante unique, normale au plan et passant par le point de contact. Condition d'équilibre d'un corps qui s'appuie sur un plan par plusieurs points. Pressions des points d'appui. Conditions de l'équilibre d'un corps qui s'appuie à la fois sur plusieurs plans. Cas d'un corps pesant qui s'appuie à la fois sur deux plans inclinés. Mettre une droite pesante en équilibre sur deux plans inclinés.

Conditions pour qu'un corps soit tenu en équilibre par deux forces sur un plan incliné. Un corps pesant étant appuyé sur un plan incliné, trouver sous quel angle il faut faire agir une force donnée, ou la force qui doit agir sous un angle donné pour maintenir le corps en équilibre. Cas où la puissance a le plus ou le moins d'avantage. Lorsque la puissance est parallèle au plan incliné, elle est au poids du corps comme la hauteur du plan est à sa longueur. Quand la puissance est horizontale elle est au poids du corps qu'elle tient en équilibre comme la hauteur du plan est à sa base. Pour l'équilibre de deux corps pesans, appuyés sur des plans adossés et de même hauteur, les masses des corps doivent être proportionnelles aux longueurs des plans.

Définition de la *vis* et de son *écrou*. Ce qu'on entend par *hélice*, par *spire*, et par *pas de l'hélice* dans une surface cylindrique. Propriété caractéristique de l'hélice. Si on considère un point sur l'hélice, la puissance qui le retient est à la force qui le presse, comme le pas de l'hélice est à la circonférence que tend à décrire la puissance. Équilibre de la vis.

Définition du *coin*. Ce qu'on entend par tranchant, tête et côtés. La puissance doit toujours être supposée perpendiculaire à la tête du coin. La puissance étant représentée par la tête du coin, les deux forces qui en résultent perpendiculairement aux côtés seront représentées par ces côtés eux-mêmes.

Ce qu'on entend par *polygone funiculaire*.

Condition d'équilibre de trois forces agissant au même point et dirigées suivant les axes de trois cordons.

Les extrémités de deux cordons étant fixes, trouver les tensions qu'ils éprouvent.—Une corde ne peut jamais être parfaitement tendue en ligne droite à moins qu'elle ne soit verticale.

Dans le cas d'un nœud coulant la force divise en deux parties égales l'angle formé par les deux parties de la corde, lesquelles sont par conséquent également tendues.

Si l'anneau est fixe, la pression exercée sur lui est égale à la tension de la corde multipliée par le double cosinus de la moitié de l'angle formé par les deux parties de la corde.

Condition d'équilibre de plusieurs points liés entre eux par des cordons et tirés par des forces, suivant d'autres cordons, mais de manière que chaque nœud n'en assemble pas plus de trois en même temps. Trouver le rapport de l'une quelconque des forces à telle autre que l'on voudra.

Dans un *système de poulies mobiles*, la puissance est à la résistance comme le produit des rayons des poulies est au produit des sous-tendantes des arcs embrassés par les cordons. Si les cordons sont parallèles, ce qui est le cas le plus favorable à la puissance, la puissance est au poids comme l'unité est au nombre 2, élevé à une puissance marquée par le nombre des poulies. Cas où la puissance est égale au poids. Ce qu'on entend par une *mouffle*. Si on considère deux mouffles, l'une fixe et l'autre mobile, la puissance est à la résistance comme l'unité est au nombre des cordons qui soutiennent la mouffle mobile.

Si on considère un *système de tours* réagissant les uns sur les autres, il faut pour l'équilibre, que la puissance soit à la résistance comme le produit des rayons des cylindres est au produit des rayons des roues. Ce qu'on entend par *roues dentées*. Il faut, pour l'équilibre de deux forces qui agissent l'une sur l'autre par le moyen des roues dentées, que la puissance soit à la résistance comme le produit des rayons des pignons est au produit des rayons des roues.

Définition du *cric*. Condition d'équilibre. — Comment on peut augmenter la force du cric. Quand on emploie une roue dentée intermédiaire, la puissance appliquée à la manivelle est à la résistance dans le sens de la barre, comme le produit des rayons des deux pignons est au produit du rayon de la roue par le rayon de la manivelle.

Ce qu'on entend par la *vis sans fin*. Condition d'équilibre.

ÉQUATIONS DE L'ÉQUILIBRE.

Trouver les équations de l'équilibre d'un point matériel libre sollicité par des forces quelconques.

Trouver les équations de l'équilibre des forces parallèles situées dans un même plan. Quand l'équilibre n'a pas lieu, trouver la valeur de la résultante et sa position. Théorème des momens.

Trouver les équations de l'équilibre de plusieurs forces parallèles non situées dans le même plan. Quand l'équilibre n'a pas lieu, trouver la valeur de la résultante et sa position dans l'espace. Théorème des momens.

Trouver les équations de l'équilibre des forces qui agissent dans le même plan suivant des directions quelconques. Théorème des momens. Déterminer la valeur et la position de la résultante dans le cas où il n'y a point équilibre.

Trouve rles équations de l'équilibre d'un corps solide entièrement libre. En conclure les cas particuliers qui précèdent.

VI.

CALCUL DIFFÉRENTIEL.

Existence d'une limite dans le rapport de l'accroissement d'une fonction à celui de la variable. On la nomme dérivée. Selon qu'elle est positive ou négative, la fonction est croissante ou décroissante.

Notation différentielle. Ce qu'on entend par différentielle, par coefficient différentiel et par différenciation. But principal du calcul différentiel.

Une constante ajoutée ou soustraite disparaît par la différenciation. Une constante qui multiplie ou divise une fonction, multiplie ou divise sa différentielle.

Deux fonctions égales ont des différentielles égales. La réciproque est fausse.

Trouver la différentielle de Lx. Logarithmes népériens. Module. Le nombre e est compris entre 2 et 3 ; il est incommensurable. Sa valeur.

Trouver les différentielles de a^x et de e^x.

Trouver les différentielles de $\sin x$ et de $\cos x$.

Définition des fonctions inverses. Le produit des dérivées de deux fonctions inverses est égal à 1.

Théorème des fonctions de fonctions, ou règle à suivre pour obtenir la différentielle d'une fonction de fonctions dépendantes d'une seule variable. Premier cas, $y = f(u)$; $u = \varphi(z)$; $z = \psi(x)$. Deuxième cas, $u = F(x, y, z)$. Le premier cas comprend le théorème des fonctions inverses.

Trouver la différentielle d'une somme, d'un produit, d'un quotient, d'une puissance de fonctions d'une seule variable. On s'arrêtera sur le cas particulier d'une racine carrée.

Trouver les différentielles de $\tang x$ et de $\cot x$.

Trouver les différentielles de arc sin x, de arc cos x, arc tang x, arc cot x, arc sec x, arc cosec x.

Des différentielles et des coefficiens différentiels des divers ordres. Application aux fonctions simples déjà considérées.

Changement de variable indépendante.

Différentielles des fonctions implicites.

Différentielles des divers ordres des fonctions de plusieurs variables. L'ordre des différenciations n'influe pas sur le résultat.

Différentielles des divers ordres des fonctions implicites.

DÉVELOPPEMENT DES FONCTIONS EN SÉRIES.

Ce qu'on entend par suite et série, par série convergente et par série divergente..

Ex. : $a + ax + ax^2 + ax^3 \ldots + ax^n$

Pour qu'une série soit convergente, il ne suffit pas que ses termes soient indéfiniment décroissans.

Ex. : $1 + \frac{1}{2} + \frac{1}{3} + \frac{1}{4} \ldots \ldots + \frac{1}{n} + \ldots$

Conditions nécessaires et suffisantes.

Lorsque les termes d'une série sont indéfiniment décroissans et alternativement positifs et négatifs, cette série est convergente.

Si pour des valeurs croissantes de n le rapport $\dfrac{U_n + 1}{U_n}$ converge vers une limite fixe R, la série sera convergente toutes les fois que l'on aura $R < 1$, et divergente toutes les fois qu'on aura $R > 1$.

Série de Taylor pour les fonctions d'une seule variable.

Détermination d'un intervalle dans lequel est compris le reste de la série.

Cas où elle est en défaut. On peut toujours diminuer h de manière qu'un terme quelconque devienne plus grand que la somme de tous ceux qui le suivent.

Série de Maclaurin. Cas où elle est en défaut.

Convergence des deux séries.

Binôme de Newton déduit de la série de Taylor et de celle de Maclaurin. Condition de convergence.

Séries logarithmiques déduites des séries de Taylor et de Maclaurin. Séries plus convergentes. Application à la construction des tables.

Séries de a^x, de e^x, de sin x, et de cos x.

Représentation des séries du sinus et du cosinus par des exponentielles imaginaires. Formules fondamentales de la trigonométrie. Formule de Moivre.

Développement du sinus et du cosinus d'un arc multiple.

Développement des puissances du sinus et du cosinus d'un arc simple.

Résolution des équations binômes.

Développement de l'arc en fonction de sa tangente. Procédé de Machin pour déterminer le rapport de la circonférence au diamètre.

Extension de la série de Taylor aux fonctions de plusieurs variables. Extension de la série de Maclaurin.

Idem pour le cas d'un plus grand nombre de variables.

EXPRESSIONS SINGULIÈRES. MAXIMUMS ET MINIMUMS.

Pour avoir la valeur d'une fraction $\dfrac{fx}{Fx}$ qui pour $x=a$ devient $\frac{0}{0}$ on doit différentier le numérateur et le dénominateur un même nombre de fois jusqu'à ce que l'un ou l'autre ne devienne pas nul pour $x=a$.

Lorsqu'une des dérivées qu'on est obligé de conserver devient infinie, on cherche directement le premier terme de chacune des séries ascendantes qui expriment le développement du numérateur et du dénominateur lorsque $x=a+h$, on réduit et on fait $h=o$.

Les autres formes d'indétermination se ramènent à la précédente.

Trouver les maximums et les minimums des fonctions d'une seule variable $y = F(x)$.

Trouver les maximums et les minimums d'y dans $F(x, y) = 0$.

Trouver les maximums et les minimums des fonctions de deux variables , $z = F(x, y)$.

Trouver les maximums et les minimums de z dans $F(x, y, z) = 0$.

COURBES PLANES RECTILIGNES.

Asymptotes. Tangentes. Normales. Soutangentes. Sounormeles. Liaison de la formule fondamentale avec les maximums et les minimums. Concavité. Convexité. Points d'inflexion et de rebroussement. Points multiples. Point conjugués.

Le rapport d'un petit arc à sa corde a l'unité pour limite. Différentielles de l'arc et de l'aire.

Définition de l'angle de cotingence. Son expression.

Courbure d'un arc. Courbure moyenne. Courbure en un point donné. Expression générale de la courbure.

La courbure du cercle est uniforme. Sa mesure.

Définition du cercle, du centre et du rayon de courbure. Rayon de courbure et coordonnées du centre. Définition de la développée.

Le point d'intersection de la normale au point que l'on considère avec la normale infiniment voisine coïncide avec le centre de courbure.

Définir le cercle osculateur, et démontrer qu'il coïncide avec le cercle de courbure.

Théorie générale des contacts. En déduire le cercle osculateur, et faire voir qu'il coupe la courbe au point d'osculation.

Manière de former l'équation de la développée.

La normale à la courbe est tangente à la développée au centre de courbure.

Manière de décrire la courbe au moyen de sa développée, de laquelle dérivent les dénominations de développée et de développante.

Le rayon de courbure dans les lignes du second ordre est

égal au cube de la normale divisé par le carré du demi-para mètre. Discussion du rayon de courbure dans chacun des trois cas.

Former et discuter l'équation de la développée dans le cas de la parabole et dans ceux de l'ellipse et de l'hyperbole.

Discussion complète de l'équation $y = \log x$.

Equation de la cycloïde. Discussion et propriétés remarquables de cette courbe.

COURBES PLANES POLAIRES.

Détermination en coordonnées polaires des asymptotes, tangentes, normales, soutangentes et sounormales ; des différentielles de l'arc et de l'aire ; et enfin du rayon de courbnre.

Discussion et propriétés de la spirale logarithmique $\rho = a^\omega$. Le rayon vecteur fait avec la tangente un angle constant. Rayon et centre de courbure. La développée est une spirale égale à la proposée.

DES SURFACES COURBES ET DES COURBES A DOUBLE COURBURE.

Trouver l'équation aux différences partielles des surfaces cylindriques, des surfaces coniques et des surfaces de révolution.

Equations différentielles de l'ordonnée des sections faites perpendiculairement au plan xy.

Trouver la ligne de plus grande pente en un point donné d'une surface.

Equations du plan tangent et de la normale. Longueur de la normale.

Différentielle de l'arc d'une courbe à double courbure. Direction de la tangente par rapport à trois axes rectangulaires.

Equations de la tangente et du plan normal.

Equation du plan osculateur.

Expressions de l'angle de contingence et du rayon de courbure. Valeurs des coordonnées du centre de courbure.

Application des formules précédentes à l'hélice.

TABLE DES MATIÈRES.

I.

Page

ÉLÉMENS D'ARITHMÉTIQUE ET D'ALGÈBRE.

Nombres entiers 7
Divisibilité des nombres 8
Des fractions. 10
Des nombres décimaux. 12
Des proportions. . . . . id.
Problèmes. 14
Nombres complexes, système métrique. . . . . . id
Systèmes de numération. 15
Introduction à l'algèbre. 16
Opérations fondamentales 17
Premier degré. 18
Inégalités du premier degré. 20
Racine carrée et cubique des nombres. 21
Racine carrée et cubique des expressions algébriques . . 22
Second degré 23
Maximums et minimums, autres propriétés des trinômes du
   2ᵉ degré 24

II.

ÉLÉMENS DE GÉOMÉTRIE.

Premières notions 25
Angles. 26
Perpendiculaires et obliques. 27
Des parallèles. 28
Intersection des cercles 29
Des polygones. 30
Mesure des lignes et des angles. 31
Mesure des aires. Théorèmes qui s'y rapportent . . 32
Figures semblables. 33
Problèmes. 36
Des polygones réguliers et du cercle. . . . 37
Droites perpendiculaires et obliques au plan. . . 40
Des droites et plans parallèles. 41
Angles dièdres. 42
Angles trièdres et polyèdres. 43
Des cercles de la sphère. 44
Des polygones sphériques. 45
Des polyèdres. 46
Volumes des polyèdres. 47
Des polyèdres semblables, symétriques et réguliers. . 48
Les trois corps ronds. 50
Principes de géométrie descriptive. 51

III.

SUITE DE L'ARITHMÉTIQUE ET DE L'ALGÈBRE.
Fractions continues 54
Des progressions. 55
Analyse indéterminée. 56
Radicaux. Exposans fractionnaires. Equations exponentielles 57
Théorie des logarithmes. Questions d'intérêt. 58
Binôme de Neuton. Puissances. Commun diviseur. 59
De l'Elimination 61
Composition et transformation des équations. 62
Equations susceptibles d'abaissement. 63
Limites des racines. Règle des signes de Descartes. . . . 65
Résolution générale des équations algébriques à une incon-
    nue et à coëfficiens numériques. . . . - 67

IV.

GÉOMÉTRIR ANALYTIQUE.
Théorie des lignes trigonométriques. 69
Résolution des triangles rectilignes 71
Trigonométrie sphérique. 72
Définitions et principes 74
De la ligne droite et du cercle. 75
Exemples de la recherche des lieux géométriques d'après
    leur génération. 77
Questions fondamentales; discussion approfondie des cour-
    bes. 78
De l'ellipse, de l'hyperbole et de la parabole; ou des sec-
    tions coniques et des courbes du deuxième degré. . . . 80
Propriétés des sections coniques relatives aux tangentes. . 83
Propriétés des sections coniques relatives aux diamètres. . 85
Divers problèmes. 87
Similitude. Quadrature. Equations polaires. 89
De la ligne droite et du plan. 90
Théorèmes sur les projections. Transformation des coor-
    données. 91
Surfaces du second ordre. 92
Exemples de lieux géométriques. 93

V.

STATIQUE.
Composition de forces appliquées à un même point matériel. 39
Composition des forces parallèles. 94
Des centres de gravité. 96
Théorie des couples. Composition générale des forces. . . 97
Des machines. 98
Equations de l'équilibre 101

VI.

CALCUL DIFFÉRENTIEL. 102
Développement des fonctions en série. 103
Expressions singulières. Maximums et minimums . . . 104
Courbes planes rectilignes. 105
Courbes planes polaires. 106
Des surfaces courbes et des courbes à double courbure. id.

www.ingramcontent.com/pod-product-compliance
Lightning Source LLC
LaVergne TN
LVHW021743170726
843503LV00004B/1711